全国农业职业技能培训教材

科技下乡技术用书

全国水产技术推广总站·组织编写

"为渔民服务"系列丛书

长吻鮠高效养殖技术

杜 军 周 波 何 斌 主编

海洋出版社

2017年·北京

图书在版编目（CIP）数据

长吻鮠高效养殖技术/杜军，周波，何斌主编. —北京：海洋出版社，2017.3
（为渔民服务系列丛书）
ISBN 978 - 7 - 5027 - 9715 - 7

Ⅰ.①长…　　Ⅱ.①杜…　②周…　③何…　　Ⅲ.①鮠科 - 鱼类养殖
Ⅳ.①S965.128

中国版本图书馆 CIP 数据核字（2017）第 027366 号

责任编辑：朱莉萍　杨　明
责任印制：赵麟苏

海洋出版社　出版发行

http：//www.oceanpress.com.cn

北京市海淀区大慧寺路 8 号　邮编：100081
北京朝阳印刷厂有限责任公司印刷　新华书店发行所经销
2017 年 3 月第 1 版　2017 年 3 月北京第 1 次印刷
开本：787mm × 1092mm　1/16　印张：10
字数：132 千字　定价：35.00 元
发行部：62132549　邮购部：68038093　总编室：62114335
海洋版图书印、装错误可随时退换

"为渔民服务"系列丛书编委会

主　任：孙有恒

副主任：蒋宏斌　　朱莉萍

主　编：朱莉萍　　王虹人

编　委：（按姓氏笔画排序）

《长吻鮠高效养殖技术》
编委会

主　　编：杜　军　周　波　何　斌

副 主 编：龙祥平　李　强　李　军　陈春娜

参编人员：陈先均　黄颖颖　肖　宇　李孟均

　　　　　卢　华　徐　飞　何云明　王　艳

　　　　　王　俊　宋希和

前　　言

　　长吻鮠是我国特产的名贵淡水品种，在美味佳肴和传统的滋补食品行列中，它是鱼中珍品，尤其是硕大厚实的鳔干制成的"鱼肚"，更是蜚声中外的极品，极具开发价值和市场前景。20 世纪 80 年代以来，四川省农业科学院水产研究所即开始对其移养驯化、人工繁殖、人工养殖、全价配合饲料和鱼病防治等进行了系统的研究，并于 20 世纪 80 年代末攻克了长吻鮠的全人工繁殖、人工养殖等一系列关键技术，开始在全国范围内进行推广，使长吻鮠的养殖范围、面积和产量不断得到提高。

　　经过近些年的发展，我国的长吻鮠养殖技术不断得到发展，从人工繁殖、苗种培育、成鱼养殖、鱼病防治各个环节都有不少创新和改进，取得了长足的进步。养殖模式也从单纯的静水池塘养殖发展为流水养殖、自然水体网箱养殖等多种形式。目前，国内虽已有一些长吻鮠养殖方面的专著，但尚缺乏对长吻鮠高效养殖新技术的总结，亦无对长吻鮠养殖技术和基础理论的系统介绍。为此，在本书编写过程中，力求系统地总结有关长吻鮠养殖的经验和新的实用技术，以更好地指导生产实践，适应培养渔业科技人才的迫切需要和生产实践的需要。

　　本书从长吻鮠养殖技术需要的实际出发，系统、简明扼要、深入浅出地阐述了长吻鮠的鱼类生物学、养殖设施和养殖的基础理论，介

绍了人工繁殖、苗种培育、成鱼养殖和鱼病防治等实用技术，以及长吻鮠的运输等相关技术。力求理论与实践密切结合，体现出其科学性、实用性和先进性。但由于编写人员水平有限，时间仓促，书中难免存在不足之处，有些内容还有待我国科研工作者的研究成果和广大养殖业者的实践经验的不断总结提高和进一步完善。

本书可作为广大水产养殖工作者的技术手册，亦可供从事水产养殖技术开发的科研人员、渔政人员、水产技术推广人员等参考使用；还可作为水产养殖专业本、专科生及职业技术学院学生的辅助教材和参考书。

衷心希望本书能为我国长吻鮠养殖业的健康、可持续发展，水产养殖专业人才的培养起到建设性的作用，为我国水产养殖业的长期繁荣和发展做出些许微薄的贡献。

编　者
2015 年 9 月

目　　录

第一章
长吻鮠生物学特性

第一节　分类地位

根据上海科学技术出版社出版的《中国淡水鱼类原色图集1》（中国科学院水生生物研究所和上海自然博物馆，1982），将长吻鮠归属于鲶形目，鮠科，鮠属；江苏科学技术出版社出版的《中国淡水鱼类检索》（朱松泉，1995）、湖北科学技术出版社出版的《湖北鱼类志》（杨干荣，1987）、科学出版社出版的《中国鱼类系统检索》（成庆泰，1987）、四川科学技术出版社出版的《四川鱼类志》（丁瑞华，1994）以及中国内陆水体鱼类数据库（中国科学院水生生物研究所）将长吻鮠归属于鲶形目，鲿科，鮠属。有的认为长吻鮠属鮠科，有的认为应归属鲿科，我们通过对比，资料中对鮠科和鲿科的拉丁文表述均为 Bagride，认为可能是表述方式不同，通过现在诸多资料和学者对长吻鮠的分类表述，经征询部分鱼类分类专家的意见，认为长吻鮠分类定位的正确表述应当为鲶形目，鲿科，鮠属。又名江团、肥沱和鮰鱼等。

长吻鮠分布区域广泛，分布于中国东部的辽河、淮河、长江、闽江和珠

江等水系及朝鲜西部，以长江水系为主。长吻鮠在不同的地方有不同的叫法，上海喊"鮰老鼠"，四川叫"江团"，贵州则唤之为"习鱼"。

第二节　形态特征

背鳍Ⅱ-6-8；胸鳍Ⅰ-8-10；腹鳍Ⅰ-5；臀鳍15-18。第一鳃弓外侧鳃耙数12~16。脊椎骨5+31-35+1，鳔大而肥厚，具中央纵膈膜。腹腔膜为褐色。标准长为体高的4.1~4.7倍，为头长的3.5~3.9倍，为尾柄长的5.6~6.5倍，为尾柄高的12.3~14.2倍，头长为吻长的2.3~2.8倍，为眼径的11.1~13.0倍，为眼间距的2.5~2.8倍。

长吻鮠体延长，腹部圆，头后体侧扁。头较尖，头背面隆起，腹面平坦，枕骨裸露。吻显著突出，肥厚呈锥形。口下位，横裂或呈新月形。上下颌及腭骨均具有绒毛状锐利细齿。唇后，光滑，唇后沟不连接，上下唇联合于口角处。须4对，较短，鼻须不达眼前缘。上颌须稍超过眼后缘。眼位于头侧，眼小。鼻孔分离，后鼻孔距前鼻孔较距眼为远。鳃孔宽阔，左右鳃膜相连但不与峡部相连。肩骨突出于胸鳍之上方。背鳍具有强硬刺，其后缘有较发达锯齿。胸鳍具粗壮硬刺，前缘光滑无锯齿，后缘具强锯齿。腹鳍后伸达臀鳍起点。脂鳍基长于臀鳍基，末端游离。尾鳍深分叉。肛门约位于腹鳍与臀鳍之中点。体裸露无鳞。侧线平直。体色灰黑色或粉红，侧线以上体色较深，侧线以下较浅，腹部白色。

长吻鮠肉质细嫩，少肌间刺，味美，是上等鱼品。其肥厚的鳔，干制后为名贵的鱼肚，属于肴中珍品。分布广，产量大，生长快，长江个体体重1~5千克，最大个体重可超过10千克，为同类鱼中生长较快的一种。

第三节　生活习性

江河里的长吻鮠一般生活在的底层，性情温和，昼伏夜出，喜欢集群，不善跳跃。人工养殖条件下，时常集群扎堆在池边某角落或水较深的池底部，若有遮光物体将会集中成堆聚集在下面，觅食等活动主要是在水体中、下层，即使在人工投喂饲料情况下，白天一般潜伏于水体下层，觅食较少，夜晚则分散到水体中、上层活动，觅食量较大。长吻鮠在受到外界惊吓或遭遇其他攻击时，背、胸鳍张开，进行自我防卫，鳍条硬刺扎人后会产生剧痛甚至流血、发炎等。

第四节　食　　性

长吻鮠是典型的底层温和性、肉食性鱼类，幼鱼期主要以水生昆虫为食，个体较大时常以小鱼虾为食。长吻鮠胃发达，胃壁厚，伸缩性大，但肠道短，约为体长的 1.5 倍。尽管长吻鮠食物种类较多，长吻鮠各生长阶段对食物有相当程度的专一选择性，每次摄食种类较少，在胃中 1~2 种食物占绝大多数，同时含有几种食物的情况比较少。

人工养殖条件下，刚孵化出膜的仔鱼是以卵黄囊为营养，随着时间推移卵黄囊变小，此时仔鱼一边以卵黄囊为营养，一边摄取外界能源食物。7 天左右卵黄囊消失，水花阶段前期完全依靠摄食轮虫，后期主要摄食枝角类和桡足类等浮游动物为食，长到 2~3 厘米时候主要开始摄食底栖水蚯蚓和摇蚊幼虫等。摄食水蚯蚓期间可以通过长吻鮠专用饲料开展驯化吃食人工饲料，直至成鱼养殖均以人工饲料投喂。在用人工配合饲料驯食后，便容易不再摄食其他的活饵料，但如长时间不投喂配合饲料，也会改食小鱼、小虾等。

第五节　生态习性

长吻鮠属广温性鱼类，其生存温度为 0～38℃，适宜养殖水温为 15～30℃，快速生长水温 25～28℃。人工繁殖所需水温度 22～25℃。水温低于10℃则基本停食，水温30℃及以上时摄食量明显下降，水温超过32℃时不摄食。在长吻鮠池塘养殖中，水温对摄食及饲料利用有明显的影响。

长吻鮠养殖溶解氧需在 4 毫克/升以上，水中溶氧在 5～8 毫克/升时，长吻鮠摄食旺盛，生长速度快，病害少，饲料利用效率高。当溶氧降至 3 毫克/升时，摄食量明显减少，降至2.5毫克/升以下时，开始出现浮头现象，若养殖水体溶解氧在 1.5 毫克/升以下时，则会出现缺氧泛塘，短时间内大量死鱼。长吻鮠耗氧较高，对低溶解氧的耐受力较低，在网捕集中或者转池等养殖操作中很容易缺氧死亡。长吻鮠养殖对养殖水源要求较高，水质较差的水源不适宜养殖长吻鮠。

长吻鮠对酸碱度适应范围较广，pH 值为 6.5～9 时都能生存，最适范围是 7～8.5，长吻鮠养殖水体最好是偏弱碱性的水体。

由于长吻鮠为无鳞鱼，在养殖过程中很容易被病菌感染患病。长吻鮠对常用水产药物较为敏感，对药物的耐受能力较差，若在生产过程中病害防治时稍有不慎即易引起急性或慢性药害。因此在鱼病防治时，一定要准确判断病因，准确测量水体和称取药品。在鱼类常用药物中，长吻鮠对重金属类药物较为敏感。

第六节　生长特性

长吻鮠池塘养殖比江河野生的生长速度快。但无论是池养的还是江河中的长吻鮠，5 龄以前生长速度都较快，这与第一次性成熟后生长速度下降有关。长吻鮠 4 龄以前，各个年龄的雌雄个体间的生长速度没有显著差别，但自 5 龄开始雄鱼生长速度比雌鱼快。

人工养殖条件下长吻鮠体重与年龄的关系为：

$$W = 12\ 239 \times \left[1 - e^{-0.220\ 9(t - 0.082\ 8)}\right]^{3.219\ 3}$$

体重与年龄相关关系紧密。当年龄为 $t < 1.8$ 年时，增长加速度的递增与时间成正比；当年龄 $t = 1.8$ 年时，增长加速度最大；当 $t > 1.8$ 年时，增长加速度逐渐减小。增长速度最大值在 $t = 5.18$ 年时，当 $t < 5.18$ 年时，年龄越大增长速度越大；当 $t > 5.18$ 年时，增长速度与年龄成反比。人工养殖长吻鮠的增长速度依增幅划分为：$t < 1.8$ 年时，增长显著；$1.8 < t < 5.18$ 时，增长缓慢；$t > 5.18$ 年时，增长速度为负值。

长吻鮠的生长速度较快，为同类鱼中体型最大的一种，最大个体可达 10 ~ 15 千克，常见者多为 1 ~ 3 千克。池养条件下，长吻鮠当年 5 月人工繁殖的鱼苗养到年底尾重可达 100 ~ 200 克，第二年能长到 500 ~ 1 000 克，第三年可达到 1 500 ~ 2 000 克。

第七节 生殖特性

一、性成熟特性

江河中长吻鮠达到性成熟的最小年龄为 3 年，一般为 4 ~ 5 年。成鱼每年 3—4 月开始成熟。人工养殖条件下长吻鮠的性成熟年龄一般为 4 ~ 5 龄，3 龄性成熟的个体极少，个别生长迅速的 3 龄鱼可能会达到性成熟，而 4 龄鱼则除个别生长缓慢的个体不能达到性成熟外，绝大部分都可达到性成熟，开始性成熟的个体一般体长在 40 厘米以上。

同期同批养殖的长吻鮠第一次达到性成熟的年龄不一定相同,不同个体间第一次性成熟的年龄有一定差异。生长速度影响着长吻鮠的性成熟时间,生长迅速的个体性成熟较早,生长缓慢的个体性成熟较晚。长吻鮠在第一次性成熟后,通过精心饲养若干年中每年仍能连续成熟。

雌雄长吻鮠的区别,性成熟雌鱼,身体匀称,卵巢轮廓明显,腹部较为膨大松软,泌尿生殖突短而圆,一般在 0.5 厘米以下。繁殖期成熟度好的雌鱼,由于腹部膨大泌尿生殖突内凹。性成熟雄鱼,个体较雌鱼大,身体苗条,腹部细瘦,尾部较长,泌尿生殖突长圆锥形,可达 1~2 厘米,生殖季节可达 2~3 厘米。

二、生殖特性

长吻鮠性成熟系数的季节变动情况是:秋季(8—10 月)成熟系数最低,以后缓慢上升;冬季(11 月至翌年 1 月)的成熟系数略高于秋季,但仍处于较低水平;翌年春夏之交成熟系数迅速上升,夏季(5—7 月)成熟系数达全年最高峰。产卵后成熟系数又下降至最低水平。从产卵雌鱼性腺发育的时间看,3 月底尚有Ⅲ期卵和部分Ⅳ期卵,4 月则基本上为Ⅳ期卵和部分Ⅴ期卵,Ⅳ期卵从 4 月中旬至 5 月中旬都可以发现,5 月多为Ⅴ期卵,6 月中旬多数重新退回到Ⅲ期卵,一直维持到翌年的 3 月。江河中长吻鮠产卵时间为 4—5 月,产卵盛期在 5 月,而池塘人工养殖条件下长吻鮠的产卵时间要比江河中的推迟半个月左右。

长吻鮠的产卵场在长江中上游中集中于四川宜宾和湖北宜昌一带,在长江中下游其产卵场地在湖北监利至郝穴的荆江河曲一带,比较集中于石首市境内的长江干流中,江西湖口至湖南岳阳一带,长吻鮠渔汛期集中在 4 月上中旬,4 月下旬数量逐渐减少,5 月极少见,在这一带未曾发现临近产卵或刚产过卵的个体。石首一带长吻鮠大量出现地时间自 4 月底开始,渔汛盛期一直持续到长江水位高涨渔民停止作业。这一时间，经常能捕获临近产卵或刚产过卵的亲鱼。从各地渔汛及性腺成熟程度的差别来看，长吻鮠在产卵前可能有逆水洄游的习性。

三、生殖力与生殖群体组成

长吻鮠的怀卵量不大，个体绝对生殖力变动在 1 184 ~ 145 410 粒，平均 69 264 粒。体重 3 ~ 6 千克的个体其绝对怀卵量在 1.7 万 ~ 10.8 万粒。初次性成熟的个体怀卵量只有数千粒。

长吻鮠的卵巢中有两种不同时相的卵子。在产卵季节，既有 V 时相的卵，又有 IV 时相的卵，IV – V 期卵巢中存在粒径不同的大小卵粒，但核的位置基本一致，说明大小卵是同期成熟的，所以长吻鮠属一次产卵类型。

长吻鮠个体绝对生殖力（R）与体长（L）呈指数曲线关系。其方程为：

$$R = 0.000\ 331\ 1L^{2.361\ 3}$$

从该方程可明显看出，长吻鮠个体绝对生殖力随着体长的增长而增长，而且个体绝对生殖力的相对增长速度随体长的增长而逐渐加速。

长吻鮠个体绝对生殖力（R）与体重（W）也呈指数曲线关系，曲线方程为：

$$R = 2.907W^{0.846\ 1}$$

由于其指数小于 1，随着体重的增长，其个体绝对生殖力的增长速度逐渐下降。

长吻鮠个体绝对生殖力（R）与年龄（t）呈密切的直线关系，直线方程为：

$$R = 1.484t - 0.877$$

个体绝对生殖力随着年龄的增长而增大，而且，由于年龄与个体绝对生殖力呈直线关系，个体绝对生殖力的年增长值不会有变化。

　　长吻鮠产卵群体中，剩余群大于补充群，而且，剩余群体是由为数较多的年龄组构成，属于结构较复杂的类型。在产卵群体中起重要作用的年龄组是 4 龄和 5 龄组，其次是 6 龄及 7 龄组。

第二章
养殖环境与设施

第一节　对环境条件的要求

一、溶解氧（DO）

1. 溶解氧的作用

溶解在水中的氧气称为溶解氧。鱼虾的生长离不开氧，对水中的溶解氧有一个最低的需求量，当低于这个需求量时，鱼虾的摄食、代谢和生长都受到影响；当溶氧低至一个极限值（窒息点）时，鱼虾将因窒息死亡。通常鱼虾的绝对耗氧量随体重增大而增加，但其耗氧率即单位体重耗氧量却随体重增大而减少，因此通常小鱼小虾对溶氧要求高些，也就是小鱼小虾更容易缺氧死亡的原因。不同的鱼虾品种耐低氧的能力和窒息点不同，窒息点越低，说明其耐氧能力越强，不易因缺氧而死亡，但养殖溶氧要求充足，在溶氧充足的水环境中，鱼虾摄食强，病害少，生长旺盛。因此，溶解氧是水质最重要的一项指标。

长吻鮠的耗氧率较高，明显地高于鲢、鳙、鲤、鲫。水温在26℃时，水中溶氧如能保持在5毫克/升以上，则它的食欲旺盛，生长率与饲料效率都很高。如果溶氧降低到3毫克/升时，其摄食量明显减少，降至2.5毫克/升以下时则出现浮头现象。再降低到1.5毫克/升以下时就要发生泛池死鱼事故。长吻鮠对低氧的忍受力较差，一般离水30分钟就会死亡。它对肥水的适应能力也不强，故普通静水池塘养殖应增加增氧设备。

2. 溶解氧的来源

水中的溶解氧来源于大气中氧气的溶入和水中的水生植物光合作用产生的氧气。由于流水或风力吹起波浪，大气中的氧会溶入水中，水中的绿色植物在阳光的照射下会吸收二氧化碳和产生氧气，故此一般的情况下水中不缺氧。在大水面（如水库、鱼塭）多以风浪兴波产生溶氧，而池塘为小水体，风浪小，主要依靠水中浮游植物的光合作用产生溶氧，因此，池塘养殖应注意培植浮游植物。

3. 溶解氧在水体中的分布规律

通常情况下，一天当中水中的溶解氧在早晨日出之前最低，下午日落之前最高；白天，表层水溶氧较高，底层水的溶液氧随水深逐渐减少，夜晚，水层的溶氧分布逐渐趋一致。

4. 溶解氧的消耗

消耗水中的溶氧主要有以下几个方面：一是水中的动物呼吸耗氧，如养殖的鱼、虾，养殖密度越大耗氧越多；二是浮游植物也有呼吸耗氧，尤其是在夜里光合作用停止后耗氧更多；三是水中的有机物氧化分解耗氧，由于好氧细菌的活动，对有机物进行氧化分解，把水中的一些有毒物质如氨

（NH_4^+）转化为无毒的硝酸盐，在高溶氧的条件下，底泥中在缺氧状态下产生的有毒气体如硫化氢（H_2S）、甲烷（CH_4）等被氧化成无毒物质，这些过程大量消耗溶氧。如果池塘积累的有机物多，分解耗氧也多，因此保持池塘清洁是增加溶氧的有效方法。

5. 溶解氧的测定

溶解氧的测定有仪器测定方法和化学测定方法。仪器测定简单快捷，如生产上使用的便携式溶氧仪等；化学测定方法需要配制多种试剂溶液，测定步骤较繁琐，但数据较精确。

6. 人工增氧

在水产养殖中为了保持养殖水体中有充足的溶氧，除了尽可能使池塘通风和培植绿色浮游植物，使之自然增氧外，还可以通过交换水增氧、机械增氧、增氧剂增氧等方法。其中使用增氧机是水产养殖的必要工具，增氧机有搅拌式（水车增氧机、叶轮增氧机）和充气式两类，各有优点，应根据养殖条件分别选择使用或混合使用。

二、水温

水温是影响鱼类生长的主要因子之一，称为控制因子。在适温范围内，代谢强度、消化酶活性与水温呈正相关，生长亦呈正相关，根本原因是水温与摄食和营养有关。鱼类的代谢率随着温度的升高而增大，但到了某一温度值以后，其代谢率反而降低。在高温条件下，鱼类的能量利用率降低，此时鱼类对能量的需求量升高。温度升高动物摄食增加（过高将停食），更高的新陈代谢速率可使氨氮等代谢废物增加，生长不会增加。

长吻鮠属温水性鱼类，生存温度为 0 ~ 38℃，生长最适温度 15 ~ 30℃，

最佳生长水温是 25 ~ 28℃。它能在池塘里自然越冬，即使在我国北方地区，只要池水保持相当的深度，表层水结了冰也不会被冻死，而在南方的广东、海南等地，冬季还能继续生长。水温在 14℃ 以下或 30℃ 以上时才基本停食。

三、pH 值与碱度

1. pH 值的作用

酸碱度即 pH 值，pH 值的量度范围 1 ~ 14，当 pH 值等于 7 时为中性，大于 7 时为碱性，小于 7 时为酸性，长吻鮠适宜生长的 pH 值为弱碱性，养殖要求 pH 值通常在 6.5 ~ 9.0，最适范围为 7.0 ~ 8.4。当 pH 值低于 6.5 时鱼体处于酸性水体中，其代谢降低，摄食减少，消化率低，体质下降，抗病能力减弱，生长受到抑制；当 pH 值过高处于碱性水质同样会抑制鱼虾的生长，pH 值达到 10 以上时，会腐蚀鱼虾的鳃组织，影响呼吸而导致死亡。pH 值还通过影响水中有毒物质的变化影响鱼虾的生长：pH 值升高，水中非离子态氨（NH_3）浓度增大，毒性增强；pH 值下降，硫离子（S_2^-）更容易转化为有毒的硫化氢（H_2S）分子，含有重金属的铬合物或沉淀物也相应分解或溶解，使游离态重金属离子浓度增大，水中毒性增强。

2. 酸碱度的测定

pH 值的方法有试纸测定、试剂测定和 pH 计测定三种。试纸由于受潮等原因测试结果误差较大；试剂测定较简单快速，准确度比试纸好；pH 计相对快捷准确，计测仪价格也不高，较为实用。

3. 酸碱度的变化与调控

水中的 pH 值变化与许多因素有关。常见的有：新开挖的池塘如土壤类型为红土、黄土、泥炭土或矾酸土的多为酸性；旧池塘淤坭沉积过多，酸性增加；二氧化碳含量发生变化时，pH 值也会随着改变，而二氧化碳的含量又与池塘藻类的光合作用、生物的呼吸作用和有机物的氧化分解有关，当池塘的藻类大量繁殖，水色很浓时，光合作用消耗大量的二氧化碳，致使水中的二氧化碳减少，pH 值增高，水体呈碱性。由此可知，由于光照的时间延长，下午通常塘水的 pH 值较上午高；池塘中养殖的密度大，呼吸作用释放出大量的二氧化碳，或池塘中的有机物很多，氧化分解出来的二氧化碳增多，也会导致水体的 pH 值值下降，使水体呈酸性。

根据上述原因，pH 值的调控有多种方法，开挖池塘时，尽可能选择较优良的土质；在生产中，当水体呈酸性时，可泼洒生石灰溶液提高 pH 值，通常每亩水体施放 2 千克生石灰粉可提高 1 个 pH 值；当水体呈碱性时，可用醋酸或盐酸调节，也可每亩施放 1 千克明矾；较好的方法还是从使用有益菌（培藻剂）入手，通过消除过多的有机物、培植浮游植物，达到增加水中溶氧和减少二氧化碳的目的，从而较长时间地稳定 pH 值。

四、氨氮和亚硝酸盐

氨氮主要是由于生物呼吸作用和氮源有机质（如残饵、水产动物排泄物、过量施肥、浮游生物尸体等）在微生物作用下，分解的产物。分子氨毒性较强，离子铵则无毒性，两者的比例取决于水体 pH 值的大小和温度高低，pH 值偏高、温度较高条件下，分子氨比例就较高；亚硝酸盐是氨氮向硝酸盐转化过程的中间产物，在缺氧条件下，亚硝酸盐很难向硝酸盐转化。所以说，亚硝酸盐的累积，多因池塘低溶解氧的结果。

养殖水体正常水质氨氮一般小于 0.2 毫克/升，当水体氨氮浓度过高时鱼虾类发生氨中毒。氨中毒引起的症状轻重有别，若因急性中毒，可能发生呼吸急促、浮头游塘，会迅速死亡；若因慢性中毒，可能发生下列不正常现象：

① 可能会干扰鱼虾类的渗透压调节系统；② 易破坏鱼虾鳃的黏膜层；③ 会降低血蛋白携氧能力，表现为厌食、靠边、游动缓慢，严重时会出现游塘、浮头等现象。

亚硝酸盐对养殖动物的毒性较强，养殖水体要求亚硝酸盐小于0.01毫克/升。亚硝酸盐是养殖水体诱发爆发性疾病的主要因素。水产动物亚硝酸盐中毒时，会氧化其血蛋白而形成高价铁蛋白，导致血液呈暗色，严重影响其携氧能力。鱼虾亚硝酸盐中毒，会出现游动缓慢、靠边、厌食、游塘、浮头等现象，虾体尾部、足部及触须易出现发红症状。

1. 氮的产生和对养殖的影响

水中氮的来源除了人工施肥、生物固氮外，主要来自鱼虾等生物的粪便、残饵、生物的尸体和其他有机碎屑的分解产生氨氮，氨氮进一步氧化产生亚硝酸氮，这些物质对鱼虾有很大的毒性，其不仅在分解过程中耗去大量的氧，毒性的影响还使鱼虾食欲减少和降低抗病能力而导致死亡，故此通常养殖水体中的氨氮控制在0.5毫克/升以下，亚硝酸氮控制在0.05毫克/升以下。但是养殖水体中有适当的氮能促使藻类的生长，达到水质平衡的作用，因此适当人工施肥培藻是水产养殖的一项措施。

2. 氨氮、亚硝酸氮的测定

氨氮、亚硝酸氮的测定方法有化学方法和水质分析方法。化学方法较复杂，一般不易被养殖户掌握；水质分析中，水质仪价格昂贵，生产上可用测试盒检测，分析结果虽然误差较大，但大体上也能掌握池塘水质的情况。

3. 氨氮和亚硝酸氮的调控

当这些有毒物质含量过高时，生产上应急方法常使用沸石粉等水质改良剂来降低其浓度；另一种有效方法是经常施放生物制剂，利用有益菌分解这些有毒物质，能长久地稳定养殖水体。

五、硫化氢

硫化氢是养殖水体底泥或底层水中的硫酸盐和有机物在水体缺氧时硫酸盐还原菌作用下生成，在水产养殖业中危害较为严重，当养殖水体中含量约 0.5 毫克/升时可使健康鱼急性中毒死亡，高于 0.8 毫克/升时引起大批量死亡，在苗种水体中危害更为严重，0.3 毫克/升即引起轻度死亡。

长吻鮠养殖水体要求硫化氢小于 0.2 毫克/升。

1. 养殖水体硫化氢来源

养殖水体硫化氢来源主要有两方面，一是土壤岩层硫酸盐含量高、大量使用高硫燃煤地区的雨水及地下泉水中含有大量的硫酸盐，这些硫酸盐溶解进入水体后，在厌氧条件下，被存在于养殖池底的硫酸盐还原细菌分解而形成硫化物；二在缺氧条件下，由残饵或粪便中的含硫有机质经厌氧分解而产生。硫化氢可与底泥中的金属盐结合硫化物，致使底泥发黑。这两方面的综合因素使池塘水体硫化物含量增加。可溶性硫化物与泥土中的金属盐结合形成金属硫化物，致使池底变黑，这是硫化物存在的重要标志。

2. 硫化物的毒性机理

硫化物的毒性主要是指硫化氢毒性。硫化氢是一种带有臭鸡蛋气味的可溶性气体，是水产动物的剧毒物质。当养殖水体硫化氢浓度过高时，硫化氢可通过渗透与吸收进入鱼虾的组织与血液，与血红素的中铁结合，破坏了血红素的结构，使血红蛋白丧失结合氧分子的能力，使血液呈巧克力样黑色；同时硫化氢对鱼类的皮肤和黏膜有很强的刺激和腐蚀作用，使组织产生凝血

性坏死，导致鱼虾呼吸困难，甚至死亡。

3. 硫化氢中毒的判断

鱼鳃呈黑褐色，腮盖紧闭、血液呈巧克力色；鱼常在水表层游动；水中溶氧特别是底层溶氧非常低；用醋或盐酸酸化褐色血液，有硫化氢的臭鸡蛋味放出；下风处可闻到臭鸡蛋味。

4. 硫化氢浓度的大小与其毒性的关系

我国《渔业水质标准》中规定硫化物的浓度不超过0.2毫克/升。这对常规养殖的鲤科鱼类是安全的，但对于某些特种养殖及苗种培育，养殖水体中有毒硫化氢的浓度应严格控制在0.1毫克/升以下。

与其他水质毒性物质一样，当硫化氢浓度高于0.2毫克/升而超过《渔业水质标准》允许值时，其毒性随其浓度的升高而增加。

5. 影响硫化氢浓度的水质因素

常温下，pH值>9时，硫化物98%以上都是以HS^-形式存在，毒性较小；pH值<6时，90%以上硫化物以硫化氢形式存在，毒性很大；pH值为7时，硫化氢和HS^-各占一半。

6. 养殖水体硫化氢管理

① 充分增氧。水体高水平的溶解氧可氧化消耗硫化氢为无毒物质硫酸盐。高溶氧可抑制硫酸盐还原菌的生长于繁衍，从而抑制硫化氢的产生。开动增氧机和泼洒增氧剂是有效的增氧方法。

② 调节水体pH值。pH值越低，发生硫化氢中毒机会越大，一般控制水体pH值在7.5~8.5。如过低，可施用生石灰提高pH值，少量多次，缓慢调

高 pH 值。同时应确认水中分子氨不过量，否则提高 pH 值，容易引起氨中毒。

③ 经常换水，降低池水中有机物浓度，同时新水中的铁、锰等金属离子可沉淀水中的硫化氢。

④ 养殖池收获后彻底清污，或将池底翻耕晾晒，以促使硫化氢及其他硫化物氧化。

⑤ 加氧化剂过氧化钙、高锰酸钾等，可将硫化氢氧化成硫酸盐而去除。

⑥ 合理投饵，尽量减少池内残饵量。

⑦ 定期投喂微生态制剂，可加强鱼虾胃肠道的消化吸收能力，从而降低池塘水体中硫化氢水平，减少硫化氢过高造成的危害。

⑧ 定期泼洒"底净"产品，其中所含的成分可与水体中硫化氢反应，生成不溶性的硫化物，防止硫化氢过高造成的危害。

⑨ 均匀泼洒微生物净水剂，可有效吸收池塘水体中的硫化氢，减少硫化氢过高造成的危害。

⑩ 避免含大量硫酸盐的水进入养殖水体。

六、水色和透明度

1. 水色和透明度的作用

可反映水中浮游生物、微生物、有机屑、泥沙及其他悬浮物质的含量，其中最重要的是可直观检查水体的浮游动物特别是浮游植物的多少和塘水的肥瘦程度，从而决定要改进的养殖措施。

2. 水色和透明度的形成和调控

水色和透明度主要由藻类和其他悬浮物质的多少来决定。池塘中的藻类

大量繁殖时，水色很浓，透明度低；但塘底的水草或丝状藻生长较多，消耗了水中的营养，使水质贫瘦，水质变清，透明度很高。藻类的种类很多，不同的藻类呈现不同色泽：水体呈草绿色时，以绿藻为优势种；水体呈茶色时，以硅藻为优势种；水体呈黄绿色时，绿藻和硅藻混合生长；水体呈暗绿色时，可能以蓝藻为主；水体呈深褐色时，由甲藻、涡鞭毛藻组成。一般草绿色和黄绿色藻相较稳定，茶色属优良水色但容易变化，暗绿色和暗褐色则是水体富营养化的象征，是水质恶化的指标之一。不同的藻类对营养盐的要求不同，一般优良的藻类所需的营养盐较少，繁殖也较慢；而不良的藻类则需要丰富的营养盐，所以在富营养化的水体中不良藻类很容易繁殖起来。根据这个特点，要建立和维持池塘中良好的藻相和水色，首先要使水体中的营养盐保持适当的浓度，最好使用微生物发酵有机肥，尽量少用无机肥。因为有机肥在水体中分解需要一段时间，营养成分慢慢释放出来，这样可以防止营养盐过多导致不良藻类的大量繁殖。但当水温低时，有机肥分解慢，可施用无机肥或复合肥促进藻类繁殖。

3. 水色和透明度的测定

水色通常凭生产经验进行目测，较好的水色为草绿色或黄绿色，茶色次之。透明度是太阳光进入水体内的量度，把透明度板（直径 25 厘米的白板）沉入水中至恰好看不到白色时的深度即为透明度，透明度一般为 25～30 厘米为宜。

七、二氧化碳

天然水中二氧化碳一般在 0.2～0.5 毫克/升，在富含浮游植物的肥水中，白天光合作用时每小时可以消耗掉二氧化碳 0.2～0.3 毫克/升。水中二氧化碳的来源有大气、水生生物呼出以及水体二氧化碳平衡系统。光合作用消耗的二氧化碳可以从这些来源中获得。但是，在浮游植物极为茂盛的池水或低碱度、低硬度水体，可能会出现二氧化碳不足现象。这时，因为大量形成碳酸钙沉淀，致使水色发白。施用有机肥是补充碳源的有效措施。

八、水中的悬浮物质

化学耗氧量（COD）是指 1 升水中所含的还原性物质，在一定条件下被氧化剂氧化所消耗氧的克数或氧化剂（转化为氧气 O_2）克数。还原物质包括有机质、NO_2^-、S_2^-、Fe^{2+} 等，在养殖池，主要是有机质。

水中有机质以溶解、胶状和固形悬浮的形式存在。其中，溶解状态的有机质占大部分，它是有机体分解过程中的中间产物，包括糖类、有机酸、氨基酸和蛋白质。一般说，天然水体有机质多，其生产力也就高。但是，对商品鱼养殖池塘来说，有机质主要显示其不利的一面：分解过程中消耗大量的氧，导致水质恶化，严重的会导致泛池；降低水体 pH 值；促进细菌、寄生虫等大量繁殖，导致鱼病经常发生。有机质耗氧量一般以保持在 25~35 毫克/升为宜。

九、重金属离子

1. 重金属离子概念

相对密度大于 5（有人认为大于 4）为重金属，周期表中原子序数从 21 起，相对原子质量大于 40 并具有相似外层电子分布特征的称为重金属，包括金、银、铜、铁、铅等 45 种。重金属在水体中积累到一定的限度就会对水体 - 水生植物 - 水生动物系统产生严重危害，并可能通过食物链直接或间接地影响到人类的自身健康，例如日本由于汞污染引发的"水俣病"和由镉污染造成的"骨痛病"就是典型例证。重金属进入人体后，不易排泄，逐渐蓄

积，对人体健康的危害是多方面、多层次的，其毒理作用主要表现在影响胎儿正常发育、造成生殖障碍、降低人体素质等。

2. 重金属离子的毒性

重金属的毒性取决于金属本身的电负性、金属间的协同或拮抗作用、利用活化作用或非活化作用决定的物理化学参数对金属有效性的影响等几方面。

金属离子对鱼类的毒性分为急性毒性、亚急性毒性和慢性毒性，并且这方面的研究受到广泛重视，多见报道。部分金属污染物顺序为：$Hg > Cu > Zn$、$Cd > Pb$。

3. 重金属离子的测定

通常认可的重金属分析方法有：紫外可分光光度法（UV）、原子吸收法（AAS）、原子荧光法（AFS）、电感耦合等离子体法（ICP）、X 荧光光谱（XRF）、电感耦合等离子质谱法（ICP－MS）。日本和欧盟国家有的采用电感耦合等离子质谱法（ICP－MS）分析，但对国内用户而言，仪器成本高。也有的采用 X 荧光光谱（XRF）分析，优点是无损检测，可直接分析成品，但检测精度和重复性不如光谱法。最新流行的检测方法——阳极溶出法，检测速度快，数值准确，可用于现场等环境应急检测。

十、光照

光照强度随水深的增加而迅速递减，水中浮游植物的光合作用及其产氧量也随即逐渐减弱，至某一深度，浮游植物光合作用产生的氧量恰好等于浮游生物（包括细菌）呼吸作用的消耗量，此深度即为补偿深度（单位：米）；此深度的辐照度即为补偿点（单位：μE）。补偿深度为养殖水体的溶氧的垂直分布建立了一个层次结构。在补偿深度以上的水层称为增氧水层，随着水层变浅，水中浮游植物光合作用的净产氧量逐步增大；补偿深度以下的水层称为耗氧水层，随着水层变深，水中浮游生物（包括细菌）呼吸作用的净耗氧量逐步增大。

不同的养殖水体和养殖方法，其补偿深度差异很大。水体中有机物越高，其补偿深度也越小。通常，海洋、水库、湖泊的补偿深度较深，而池塘的补偿深度较浅，特别是精养鱼池，其补偿深度最浅。补偿深度为养鱼池塘的最适深度提供了理论依据。据测定，在鱼类主要生长季节，精养鱼池的最大补偿深度一般不超过 1.2 米；北方冬季冰下池水的最大补偿深度为 1.52 米。因此，长吻鮠养殖池的设计水深均在补偿深度以 60 厘米内，通常不超过 1 米。

第二节　养殖模式与条件的选择

一、养殖模式

根据目前长吻鮠的生产方式，大致可以分为以下几种模式：

1. 水花与苗种生产模式

此种模式是为市场提供大量优质的水花和培育出可以养成商品鱼的 1 龄鱼种或稚鱼的养殖模式。进行苗种生产为主的既有大的养殖场，也有小的家庭式渔场，目前四川地区主要以家庭式渔场为主。此种生产模式对养殖设施要求相对较多，对养殖人员技术要求也相对较高。

2. 商品鱼生产模式

商品鱼生产是指生产者将鱼种养成可供应市场销售的商品鱼过程。这种

生产模式比较简单，技术容易掌握，一般养殖户可采取此种模式进行养殖生产。

3. 全过程生产模式

全过程生产模式是指具有亲鱼培育和繁殖条件，可以同时进行苗种培育、商品鱼养殖的生产模式。一般大型养殖场多采取此种类型。采用全过程生产模式须考虑与生产能力相适应的水源条件、孵化基础设施，而且苗种培育池、商品鱼生产池和亲鱼培育池须保持合理的配比。此外，全过程生产模式对管理者的技术水平和管理水平要求较高。

二、养殖条件的选择

长吻鮠养殖必须根据其养殖方式选择适宜的自然环境和养殖条件，适宜的环境条件主要是指适宜的水温、满足生产需求的水量和水质的水源；养殖条件主要是指相应的鱼池及养殖设施的建设。目前，长吻鮠的养殖主要包括池塘养殖、网箱养殖及流水养殖等方式。

1. 池塘养殖

池塘是鱼类的生活场所，池塘的环境条件，对鱼类的生存、生长和发育有着密度的关系。鱼类要求一个适应的环境条件，才有利于它们的生存，而只有鱼类的生存生长，生产者才能够获得较高的经济效益。池塘的环境因子是相当复杂的，因此如何创造、掌握和保持池塘的最佳环境，确是养殖生产者必须重视研究的首要问题。

（1）建造鱼塘必要有充足的水源和良好的水质

水源充足就可以在天旱，水中缺氧或水质被污染时及时采取加水或换水措施。水质需符合 NY 5011 - 2001 渔业用水标准，水质要求溶氧高（＞4毫克/升）、酸碱度适中（6.5～8.4）、不含有毒物质。

（2）土质和底质

一般鱼塘多半是挖土建筑而成的，土壤与水直接接触，故对水质的影响很大。以砖石护坡、硬泥底质的鱼池最为理想，土池反倒比池壁和池底用水泥硬化的鱼池好（流水池例外），但底泥的厚度以不超过 10 厘米为佳。建塘的土质，以壤土最好，黏土次之，砂土最差。因黏质土鱼塘，虽然保水性好，但容易板结，通气性差，容易造成水中溶氧不足；砂质土鱼塘，由于渗水性大，不仅不能保水，水质难肥，而且容易崩塌。

（3）面积和水深

鱼塘的大小和深浅，与鱼产量的高低有非常密切的关系。俗话说"塘宽水深养大鱼"，这是因为水体越大，越接近自然环境，变化越小；反之，变化则大，水质容易恶化，对鱼类生产不利。一般长吻鮠成鱼池以 5～10 亩为宜，池水深在 1.8～2.5 米，长方形鱼池。

（4）注、排水道

长吻鮠养殖鱼塘应当有独立的注、排水道，才能做到及时注水和排水，以便调节和控制水质。在水源充足的条件下，还可实行流水养殖，以增加单位放养量，达到高产稳产的目的。

（5）鱼塘的形状、方向和环境

长吻鮠鱼搪的形状以长方形为好，长与宽之比可为 2～4:1，东西边长，南北边宽，宽的一边最好不超过 50 米，这样的池塘，可接受较多的阳光和风力，也便于操作和管理（图 2.1）。在鱼塘周围不宜有高大的树木和建筑物，以免遮光、挡风和妨碍操作。连片鱼塘的周围大堤和中间干道，还应建有较宽的公路，以利车辆运输。

2. 网箱养殖

网箱养殖水域要在当地政府及其渔业行政主管部门规划的养殖范围内，

图 2.1　池塘养殖

不妨碍航运交通，周边环境无工业污染源。水源水质符合《渔业水质标准》（GB 11607）的规定。网箱设置避风向阳，水深 5 米以上、透明度大于 1 米、水流流速在 0.1 米/秒以内、溶氧量在 3 毫克/升以上。

（1）网箱的形状

常见的网箱有正方形、长方形、多边形、船形、碟形、圆形和球形等。在有效养殖水体和材料相同的情况下，以圆形网箱的材料用量为最少，但难于剪裁制作。长方形虽用料略多，但制作方便，过水面大，操作便利，被广泛采用。

（2）网箱结构

网箱的结构一般包括框架、箱体和浮力装置三部分构成，有的还附有投饵装置。

框架式悬挂箱体用的支架，由毛竹、木材、塑料管、钢管等材料制成。箱体固定在框架上，可保持箱体张开、成形。

箱体是网箱的主体，由合成纤维网片如聚乙烯或尼龙网片缝合而成，也可用金属网片拼接制成。

浮力装置有鱼用塑料浮子、玻璃球或毛竹。

（3）网箱大小

小型网箱面积为 15 平方米左右，中型 30 平方米左右，大型 60～100 平方米，更大的有 500～600 平方米。小型网箱耗用网片较多，水体交换好，鱼产量高。大型网箱相对节省材料，但管理不方便，抗风能力差，水体交换没有小型网箱好，产量较低，生产上大多用中型网箱。

网箱培育长吻鮠鱼种通常分 3～4 级进行，网箱所用材料为聚乙烯，网箱结构为敞口式。1 级网箱大小为 2 米×2 米×2 米，单层网片；2 级和 3 级网箱规格为 4 米×4 米×2 米或 5 米×5 米×2 米或 7 米×4 米×2 米，单层网片，网目大小分别为 1.0 厘米和 1.5 厘米；4 级网箱为双层箱体，内层规格同 2 级和 3 级箱，外层箱体网目 3 厘米，箱的深度比风层箱体高 50～60 厘米。

（4）网目大小

网箱网目的大小由放养的对象所决定。放养夏花的网箱要求网目在 1.1 厘米以下，放养鱼种的网箱，网目 2.5～3 厘米，成鱼的网箱，网目为 3～5 厘米。

（5）网箱设置方式

网箱按常规方法架设，一般是间隔设置在固定纲绳的两侧，在水面上呈"一"或"品"字形排列，各排网箱间距离 30～50 米，而每一排网箱中箱与箱之间距离 10 米。每个网箱均应设有食台，1 级箱每个箱中设三四个，2～4 级箱中每箱设两三个。

① 固式网箱

采用竹桩、木桩或水泥桩钉牢于水底，桩顶高出水面，将臂固定于桩上，箱体上部高出水面 1 米左右，箱底离水底 1～2 米的一种网箱设置方式（图 2.2）。此种类型的网箱由于有桩固比较牢固，可以设置在风浪较大的水域。

图 2.2　固式网箱养殖

但固定式网箱不能随水位变动而浮动，箱体的有效容积（浸没水中的深度）会因水位升降而发生变化，因此水位涨落太大的水域不宜设置。同时，由于网箱不能移动，不便检修操作。此外，鱼的粪便、残饵分解对网箱的水体污染较大，往往造成溶氧较低的生态环境一般情况下很少采用。

　　② 浮式网箱（图 2.3）

图 2.3　浮式网箱养殖

采用最广泛的一种设置方式。相对于固定式网箱，可以把网箱悬挂在浮力装置或框架上，随水位变化而浮动，其有效容积不会因水位的变化而变化。这种架设方式主要适用于水体较深，风浪较小的水库、湖泊。由于网箱离地较高，也可转移养殖场所，相对减轻了鱼类粪便和残饵造成的水体污染，故能始终保持良好的水质条件。浮动式网箱抗拒风浪的能力较差，因此应加设盖网为宜。

③ 沉式网箱（图 2.4）

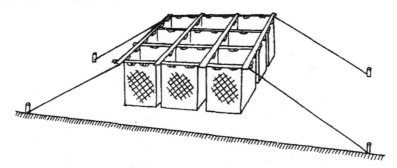

图 2.4 沉式网箱养殖

箱体全封闭，整个网箱沉入水下，只要网箱不接触水厢网箱的有效容积一般不会受到水位变化的影响，在浮动式固定式网箱不易设置的风浪较大的水域或养殖滤食性鱼类采用这种网箱比较适宜。同时可利用沉式网箱解决温水性类在冬季水面结冰时的越冬问题。

（6）放养密度和搭配

放养密度要根据网箱大小、水质好坏、鱼种饵料来源，养成的规格及养殖技术的高低而定。长吻鮠的网箱养殖密度低于其他常规鱼类，过大的放养量会增加鱼体受伤的机率。一般而言，当年鱼种的放养量为 $100 \sim 150$ 尾/米^2，隔年鱼种的放养量为 $20 \sim 40$ 尾/米^2，二龄鱼种的放养量为 $8 \sim 15$ 尾/米^2。

（7）投放时间

培育鱼种的网箱，6月底至7月初放养夏花，以延长生长期。养殖2龄鱼种和成鱼的网箱鱼种应在冬至到立春前放完毕。最好选择晴天，水温10℃左右时投放，冰冻期间，不能投放，以防冻伤。

3. 微流水养殖（图2.5）

图2.5　微流水养殖

以水源充足、水质清新无污染、排灌方便、交通能源方便、池塘面积500~2000平方米、能保持水位1.5~2米的圆形或长方形池塘为优。池塘过大不便管理，容易造成鱼吃食不均匀；池塘过小基础建设投资大。塘基以砖石护坡，硬质泥底，若有淤泥，其厚度不应超过10厘米。每2000平方米水面配置1台1.5千瓦的增氧机，增氧机的类型根据池塘水深而定，水深1.6米以上时用叶轮式增氧机，水深1.6米以下时宜用水车式增氧机。池塘保持微流水，日平均换水量能达到全池水量的15%~20%即可，能长流水更好。如果不能自动排灌时，还需要配备出水口径约20厘米、出水量为320立方米/

小时左右的抽水设备，常用的是轴流泵和潜水泵。每个池塘中均需设有食台，食台大小为 0.25~0.4 平方米，用竹材或圆钢制成圆形或方形、边高 20~25 厘米的筛框，底敷一层聚乙烯纱窗布。面积 500 平方米的池塘设这样的食台五六个，面积 2 000 平方米池塘可设 12~15 个。

三、标准化长吻鮠养殖场建设

标准化水产养殖场应具有法人资质，持有县级以上人民政府颁发的《中华人民共和国水域滩涂养殖使用证》，符合区域产业规划，通过无公害产地认定。标准化生态型水产养殖场的养殖产品应通过无公害产品认证。

1. 场址选择

标准化水产养殖场应选择靠近取水口、无污染源、水源充足、生态环境良好的区域，并具备进排水方便、交通便利、电力配套等条件。

2. 水质条件

（1）水源和水质

淡水水源的水质应符合 NY 5051；水质应符合 DB 31/T348 中的养殖水质安全指标和养殖水质管理指标。

（2）养殖排放水

应符合 SC/T 9101 淡水池塘养殖水排放要求。

（3）生活污水

生活污水应经处理后才能排放，排放水应符合相关标准。

3. 标准化水产养殖场规模和基本建设内容

（1）规模

标准化生态型水产养殖场连片总面积应在 300 亩以上，养殖水面的面积

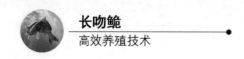
应在 200 亩以上。

标准化水产健康养殖场连片总面积应在 100 亩以上，其中，养殖生产水面面积不低于 65%。

（2）大门

水产养殖场的大门要宽敞，标牌应醒目。大门旁设有传达室。大门内的主干道旁应竖立标准化生态型水产养殖场平面示意图，标明场内布局及各池塘编号。

标准化水产健康养殖场的主入口处应设有统一的标志，并设有平面示意图，标明场内布局及各池塘编号。

（3）道路

标准化生态型水产养殖场的主干道宽 5~7 米，路面净宽 4 米以上。主干道应配置路灯。

标准化水产健康养殖场的主干道宽应不低于 4 米，并配置必要的照明设施。

（4）电力配置

标准化生态型水产养殖场内铺设地下电缆。配电设施符合电力配置标准，配电设施应符合相关标准。

（5）建筑

① 标准化生态型水产养殖场建筑包括一楼两库三室，占地面积不超过养殖场土地面积的 0.5%

办公楼为养殖场的主楼，主楼内设置管理、技术、财务、接待及值班等功能的办公室；两库指存放饲料和药品的专用仓库；三室指设立值班室，供养殖值班人员专用，配备生产管理档案室，用于保存相关的生产和技术档案资料，配备实验室，配置可进行常规养殖水质分析和鱼病检测所需的相关仪器、设备。

② 标准化水产健康养殖场的建筑

养殖场应具有值班、档案、水质分析、病害防治及储存饲料、药品、工具等的条件和房舍。

③ 绿化

标准化生态型水产养殖场的办公楼周边、主干道两侧和养殖场周边等区域配套相应的绿地。陆地绿化率应在10%以上。

标准化水产健康养殖场的办公场所周边、主干道两侧和养殖场周边等区域配套相应的绿地。陆地绿化率应在5%以上。

4. 养殖设施

（1）增氧设备

增氧设备种类很多，主要有微孔曝气增氧、叶轮增氧机、水车式增氧机、充气式增氧机、射流式增氧机、喷水式增氧机等（图2.6）。增氧设备主要用途是增加水中的溶氧量，通过搅拌水体、促进水体上下循环，达到增氧曝气和改善水质的作用。

（2）投饲设备

投饲机以投料形式命名的有离心式投饲机、风送式投饲机和下落式投饲机；以供料方式命名的投饲机有振动式投饲机、翻板式投饲机、螺旋式投饲机等（图2.7）。投饲机可以定时、定次、定量、定点、均匀自动投饲，具有省工省时，减少饲料浪费，保护水环境等特点。

（3）排灌设备

在设施水产养殖中的排灌设备主要是水泵，有离心水泵、潜水泵、轴流泵、混流泵、深井泵等。水泵的用途是输送流体，在水产养殖中主要是向池塘注水和排水，保证鱼类各生长阶段的不同水位要求；注入河水或深井水调节水温；注入新水，增加水中溶氧量，提高池水透明度，加强池水光合作用，

微孔增氧设备

叶轮水车增氧设备

射流机增氧设备

喷水式增氧机

图 2.6　增氧设备

提高池塘初级生产力；抽排池塘多余和老化水体，调节水质、盐度和 pH 值，给鱼类一个适宜的水体生存环境。

（4）清塘设备

在需要晒干的池塘，为了提高清塘的工作效率主要选用工程机械，如推土机、挖掘机、伊运机等。在潮湿的带水池塘的清淤主要使用清淤机械，常用的清淤机械有两栖式清淤机、牵引式清微机、水力高压清洗机、挖塘机组和水下清游机等，它们的主要作用是将鱼塘的淤泥进行分切、收集、提取、输送到特定的地方。

振动式投饲机   风送式投饲机

图 2.7 　投饲设备

（5）水质净化设备

在设施水产养殖中，水质净化主要采用生物滤池、活性滤池和水质净化机械，如生物转盘、活性炭水过滤装置、耕水机和臭氧消毒增氧机等（图2.8）。水质净化设备可净化和处理，水中的有机物、氨氮等有害物质。

（6）水质检测仪器

水质检测仪器主要有溶氧测定仪（图2.9）、pH测定仪、水温计、氨测定仪等，用于检测池塘水质状况是否符合渔业水质标准。

（7）水温调控设备

水温调控设备包括锅炉系统、电加热器、太阳能加热器、热泵、热交换器、水温自控系统等。主要作用是调控鱼塘的水温，促进鱼类在最佳水温中快速生长。

（8）水产育苗设备

水产育苗设备有产卵设备、孵化缸、鱼种网、鱼筛、网箱、鱼苗计数器、

曝气生物滤池   耕水机

臭氧消毒增氧机   生物转盘

图 2.8   水质净化设备

氧气瓶等，用于培育、采集鱼苗。

（9）捕鱼设备

捕鱼设备有电赶鱼机、电脉冲装置、气幕赶鱼器、电赶鱼船、拦网船、各种绞缆 机、起网机、吸鱼栗等，用于赶鱼、捕鱼和起鱼。

（10）鱼运输设备

鱼运输设备有各种活鱼运输车和船、保鲜冷藏车和船，以及塑料鱼筐等，用于保鲜鱼和活鱼运送。

（11）防疫消毒设备

设施水产养殖的防疫消毒设备主要有喷雾消毒机械等。

便携式溶氧测定仪 便携式pH测定仪

便携式氨氮测定仪 便携式水温计

图2.9 水质检测仪器

5. 人员和管理

(1) 人员

标准化生态型水产养殖场主要负责人应具有5年以上水产养殖及管理的经验，并持有渔业行业职业技能培训高级证书；主要技术人员3~4名，应持有渔业行业职业技能培训中级证书；养殖工若干名，应持有渔业行业职业技能培训初级证书。

标准化水产健康养殖场主要负责人应具有 4 年以上水产养殖及管理的经验，并持有渔业行业职业技能培训中级以上证书。

（2）管理

① 技术要求

水产养殖应符合 DB31/T348；配合饲料的安全卫生指标应符合 NY 5072 的规定；鲜活饲料应新鲜、无病症、无污染；药物使用应符合 NY 5071 的要求。

② 生产档案

标准化生态型水产养殖场应建立生产档案，存档记录应包括生产日志、生产、销售情况以及病害、用药、水质检测等原始记录。

第三章
长吻鮠人工繁殖

在四川省农业科学院水产研究所人工繁殖长吻鮠成功前，长吻鮠生产主要依靠江河捕捞，其产量极其有限，自人工繁殖成功后，经过多年发展，目前已形成规模生产，但其繁殖有别于其他鱼类，具有一定的技术难度。现将长吻鮠的人工繁殖技术进行介绍。

第一节　亲鱼培育及亲本选择

一、鱼池要求

① 培育池应选择环境安静、交通方便且靠近水源地修建，当年修建的新池不宜立刻作为亲鱼池使用。培育池池体牢固，保证蓄水深度达到 1.5 ~ 2.0 米。应保证培育水源的充足，且水质满足《渔业水质标准》的规定，培育池要有独立的进排水系统，避免鱼池间的相互影响。

② 培育池面积不宜过大，一般选择 1 ~ 2 亩（图3.1），形状规则，池底平整无淤泥或有少量淤泥，以保证较高的捕捞率，因为较多的捕捞次数容易

会对亲鱼造成伤害，使亲鱼产生应激反应，影响亲鱼性腺发育，严重的会造成亲鱼性腺退化。

③ 亲鱼下池前需对鱼池进行全面消毒。当前最为经济、安全的消毒方法是生石灰消毒。下塘前 10 天，先将池水排至 5 ~ 10 厘米深，然后在池底四周挖数个小坑，将生石灰倒入坑内，加水熟化，待生石灰块全部熟化成粉状后，再加水溶成石灰浆向水中泼洒，按每亩 75 千克生石灰用量，泼洒要均匀，全部池底都要泼到。泼洒后第二天再用带把的泥耙将池底推耙一遍，使石灰与底泥充分混合，这样既可以改良池底淤泥的酸碱度，又可提高药物清塘的效果。消毒 3 天后注水 1 米深，7 ~ 10 天后便可试水放鱼。

图 3.1　长吻鮠亲鱼培育池

二、亲鱼放养

1. 亲鱼来源

亲鱼来源一般有三个。一是在繁殖季节从江河天然产卵场捕获或向渔民选购；二是从往年池塘蓄养的亲鱼中选用；三是从人工养殖的商品鱼中选留的后备亲鱼蓄养池中选用。

2. 质量要求

随着长吻鮠在全国大面积的推广，种质资源退化问题日趋严峻，因此，为了保证繁殖子代的质量，防止近亲交配导致的基因退化，繁殖亲本必须选择不同产卵群体。

长吻鮠 3 龄达到初次性成熟，但怀卵量和繁殖率低。因此，4 龄以上，体重 2~5 千克的亲本是最佳选择。选择的亲本体表需无明显伤痕，并有较好活力，人工繁殖雌雄配比为 3~6:1，自然繁殖雌雄配比为 1~2:1。

三、亲鱼池管理

1. 投喂管理

长吻鮠亲鱼培育期间，应保证饲料的质量，配合饲料选择蛋白质含量在 45% 以上新鲜、干净的专用亲鱼饲料，除配合饲料外，饵料中需添加一定量的活饵料，如水蚯蚓、饵料鱼等，投喂前，应将饵料进行流水暂养，水蚯蚓去除杂质，饵料鱼确保无病害后投喂。投喂时，用淡盐水浸泡 5 分钟后，以达到消毒杀菌目的。投喂按常规方法进行饲养管理，每次投喂前检查吃食情况，并清洗饵料台，做好相应记录。

2. 水质管理

在长吻鮠亲鱼培育期间，要保证水质的清新，定期加注新水，保证水质的"肥、活、嫩、爽"，确保亲鱼性腺正常发育。长吻鮠亲鱼培育池溶氧保持在 5 毫克/升以上，pH 值 6~8，透明度 30~40 厘米。水温在 20℃ 以下时，

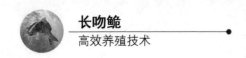

每 10 ~ 15 天冲水 1 次;水温在 20℃ 以上时,每 7 ~ 10 天冲水一次,每次冲水 2 ~ 4 小时,池水升高 5 ~ 10 厘米即可。在气温变化过大的季节,可适当增加冲水频率和时间;临近繁殖季节(3—4 月),每天 2 ~ 3 冲水一次,繁殖期前半月,每天都要冲水,增加流水对亲鱼的刺激,可有效促进亲鱼性腺的发育。每月按每立方米水体施生石灰 15 ~ 25 克,有调节池水的 pH 值(7 ~ 8)等水质指标并杀菌消毒的作用。

3. 日常管理

坚持每日早、中、晚各巡塘一次,早晨溶氧处于低点,亲鱼易出现浮头现象,若出现浮头,应立即加入新水和打开增氧设备;中午查看亲鱼活动情况,检查食台是否有残饵;晚间观察水色变化,留意天气变化,如遇天气变化应增加巡塘次数,最后根据亲鱼吃食情况制定第二天的投喂计划。

平时要及时清除池边和水面上的杂草、垃圾,食台经常清洗,在阳光充足的天气暴晒消毒,勤在食台处用生石灰水或强氯精等泼洒消毒,并做好相应工作记录。

4. 疾病预防

长吻鮠亲鱼若发生病害,将对下一次的繁殖带来较大的影响,因此,积极的病害预防措施尤为重要。亲鱼病害预防工作需做到以下几点:

① 保证亲鱼质量。尽可能选择体质健壮无外伤的亲鱼进行培育,个别有伤个体入池前可用三磺软膏涂抹伤口;

② 定期施用生石灰、敌百虫、强氯精等药物,同时内服药饵,增强自身抵抗能力;高温季节每 7 ~ 10 天用生石灰 3 千克融水后慢慢泼洒在食台周围,对食台进行消毒。

③ 确保饲料质量。完善配合饲料保存和管理措施,确保饲料的干净、卫

生，动物饵料需消毒后投喂。

④ 鱼病高发季节，定期投喂增强免疫药物，提高亲鱼防病、抗病能力。

四、亲鱼培育

1. 产前培育

为了得到最佳的繁殖效率，在繁殖季节前期，亲鱼的强化培育显得尤为重要。亲鱼按 20～40 尾/亩密度放养，同时配养 50～100 尾鲢鳙一龄鱼种，用于调控水质。培育期间严防抢食能力较强的鱼类进入培育池，避免抢食造成亲鱼营养不足而影响性腺发育。

长吻鮠亲鱼对溶氧要求较高，溶氧 2.5 毫克/升以下即会发生浮头，且缺氧过久后往往不可逆，因此，培育池应保证水源充足，并配备增氧设备，确保池塘水体溶氧量保持在 5～7 毫克/升。

培育期间要经常冲水，强化培育期间每日投喂添加 30%～50% 的动物性饵料，如水蚯蚓等，如条件允许，还可投喂一定数量的泥鳅和小杂鱼。

此外，培育池还需要专人负责日常管理，预防突发事件，并做好相关记录。

2. 产后培育

由于交配产卵行为而体能消耗较大，再加上产前的重复捕捞、搬运、筛选、注射等操作也会造成亲鱼不同程度的受伤，为了降低产后亲鱼的死亡率，产后亲鱼均放在水质清新的池塘中饲养 15～20 天，入池前应进行严格消毒，对受伤较重者采取肌肉注射青霉素（剂量 1 万单位/千克）1～2 毫升和用红霉素涂抹伤处加以处理，并定期对池塘水体消毒。

五、亲本性状与雌雄鉴别

在繁殖季节，发育良好的亲鱼具有明显的外部特征（图3.2）。雌鱼明显膨大，手感柔软，并具有弹性，平放可观察到卵巢轮廓，生殖孔红润，呈现宽而圆，生殖突较短，不超过0.5厘米；雄鱼较雌鱼显得纤细，生殖突明显长于雌鱼，末端鲜红，长度超过1厘米。

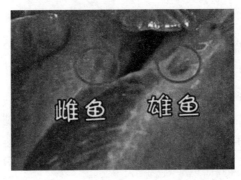

图3.2　雌雄亲鱼生殖突对比

第二节　人工催产

一、催产前准备

1. 催产池的准备

催产池一般5～10平方米，水深控制在1米左右。每个催产池需配备有独立的进排水系统。催产池要打扫干净，暴晒消毒，催产前1小时蓄水（图3.3）。

图 3.3 长吻鮠亲鱼催产池

2. 孵化池的准备

孵化池选择室内水泥池，面积 10 平方米左右，池内铺设瓷砖，池高 50 ~ 60 厘米，提前洗净备用。

3. 催产用具的准备

催产前，将注射器、镊子、研钵及相关容器蒸煮 30 分钟，干燥冷却后备用。检查催产相关药物，确保药物的种类齐全、数量充足以及生产日期。

4. 其他

检查孵化循环水系统、增氧系统以及温度调节系统；清洗鱼巢、粘卵板，晾干后备用。

二、催产

1. 催产药物和剂量

长吻鮠催产时间是每年4—6月，催产药物一般选择 LRH – A₂ 和 PG，采用2针注射，第一针按每千克雌鱼体重注射 $LRH – A_2$：5～10 微克，PG：0.5 颗；第二针按每千克雌鱼体重注射 $LRH – A_2$：15～40 微克，PG：1～1.5 颗。雄鱼按雌鱼剂量1/2注射，两针时间间隔为10～12小时。

2. 注射液的配置

配置 HCG 和 LRH – A 注射液时，将其直接溶解于生理盐水（0.6％氯化钠溶液）即可。配置脑垂体注射液时，将脑垂体置于干燥的研钵中充分研碎，然后加入注射用水制成悬浊液备用。

3. 注射方法

采用体腔注射法。注射时，在胸鳍基部的凹入部位，将针头向头部前方与体轴成45°～60°角刺入1～1.5厘米，然后把注射液徐徐注入鱼体内。

催产时一般控制在早晨或上午产卵，有利于工作进行。

4. 效应时间

与性腺成熟度，激素效价，水温高低有密切的关系，一般在孵化水温23～28℃条件下，效应时间为18～22小时。

第三节 受 精

一、人工授精

长吻鮠的人工授精有别于其他鱼类，由于雄鱼精巢的特殊构造，精液需要通过杀鱼取精巢的方式获得（图3.4）。人工授精的操作方法是：在到达效应时间后，提前将精巢取出，先用脱脂棉吸干血迹，再用医用纱布包裹，置于冰瓶中备用。

图 3.4 长吻鮠精巢

长吻鮠的人工授精采用干法人工授精，在水中逐一检查雌鱼，将能轻轻挤出游离卵的雌鱼抬出水面，用干毛巾吸干鱼体表面的水分后，固定鱼体，用手从腹腔上部轻轻向下推压，在生殖孔处将游离卵收集至容器中，同时从冰瓶取出精巢，捣淬后用生理盐水稀释，迅速与卵混合，用羽毛轻轻搅匀精卵，完成受精过程后，马上将受精卵均匀黏附在准备好的粘卵板上（图3.5），最后放入孵化池进行孵化。

图 3.5 受精卵粘板

二、自然受精

长吻鮠注射催产素后也可以选择自然产卵受精。但自然受精产卵率低，得苗率远低于人工授精，不适应现代化批量生产的需要，但自然受精有着操作简便，易于操作等优点。

自然受精需准备圆形产卵池，产卵池半径 3 米，水深控制在 1 ~ 1.5 米。蓄水前在池底铺设 50 ~ 60 目的鱼用网片或棕榈树片并固定。产卵池有专门的进排水系统，且能形成水流。催产后，将亲鱼按 1 ~ 2 : 1 的雌雄配比放入产卵池，并调节进排水系统，形成流速 0.1 米/秒的微流水，在接近效应时间前 1 ~ 2 小时，调节加大水流速度至 0.5 米/秒，进一步刺激亲鱼发情。达到效应时间后，雄鱼开始追逐雌鱼，不久便发生产卵、受精。大部分受精卵黏附在鱼巢上，将鱼巢上的受精卵带水转移至孵化池进行孵化，最后检查亲鱼产卵情况，统计产卵率。

三、受精率计算

受精率采用抽样法计算，计算方法是：随机抽取 100～300 粒卵，放在培养皿中，加入曝气后的清水，在恒温环境下培养，每天更换等质新水，待受精卵发育至原肠中期后，可观察到受精情况，然后在肉眼条件下进行检查和计数，受精率计算公式为：受精率 = 受精卵÷抽样检查卵粒总数×100% 。

四、人工授精注意事项

① 采卵要以保护亲鱼为主，推挤过程要轻快，挤压部位从腹腔中上部到生殖孔端，应避免挤压到胸腔，也不要大力挤压腹腔，导致亲鱼内脏受损。

② 由于受精卵遇水后很快产生黏性，所以采用粘板孵化方式的，在铺卵过程要讲究技巧，操作要迅速，卵在粘板上要均匀分布，避免成块、成团。实际操作中，需要两人配合，一人负责铺卵，并用手将卵搅散，另一人负责在水中不停移动粘板，使卵均匀粘附在黏板上。

③ 人工授精过程需在阴凉处进行，避免阳光直射对亲鱼产生刺激和对卵造成伤害，在移动亲鱼的时候，用打湿的毛巾遮住眼睛，避免亲鱼产生较大的应激反应。

④ 受精卵在转移至孵化池的过程中最好带水转移，若出水运输则需尽量缩短离水运输时间。

⑤ 阳光照射会导致基因突变，特别是在细胞分裂期，如果催产池与孵化池有一定距离，则在受精卵转移过程中用太阳伞一类的工具遮挡阳光，避免阳光直射受精卵。

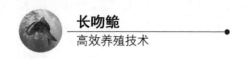

第四节 孵 化

一、孵化方法

将粘板垂直悬挂于孵化池内,粘板间相隔 30 ~ 40 厘米。受精卵进入孵化池后,在微流水条件下进行孵化,受精卵吸水膨大,卵呈油黄色,具有较强的黏性。孵化过程中,温度控制在 22 ~ 28℃ 范围内,12 小时内温度波动不超过 2℃,溶氧控制在 7 毫克/升左右,全程需开启增氧设备,以保证胚胎的正常发育。

孵化过程中,需对受精卵进行 1 ~ 2 次浸泡消毒,以防止水霉病的发生。操作方法是:将粘有受精卵的鱼巢从孵化池中取出,迅速放入浓度为 50×10^{-6} 毫克/升的水霉净或其他浓度的杀菌剂溶液中,浸泡过程中,放入 2 ~ 3 个增氧砂滤头,但注意不要扰动鱼巢上的受精卵,浸泡 15 分钟后(具体药物参照使用说明书),将鱼巢重新放入孵化池孵化。浸泡过程中,将未受精卵从鱼巢上剔除,降低水霉的发生率。

对脱粘的受精卵可采用孵化桶方法孵化。孵化桶的原理是利用水流由下而上的冲力使鱼卵上下翻滚,像在江河流水中一样孵化。孵化桶过滤网用 40 ~ 50 目尼龙筛绢制成。

二、孵化管理

1. 水质管理

孵化用水要求水质清新,水中溶氧不低于 5 毫克/升,pH 值 7 ~ 8。同时要在进水口处用 70 ~ 80 目的尼龙筛绢过滤,防止水中敌害生物危害鱼卵和刚出膜的仔鱼。孵化用水必须曝气后使用。

脱粘孵化还需要注意水量的调节，一般采取"快－慢－快－慢"的调节模式。即受精卵吸水前浮力较小，可以适当加大水量，这样即能冲起卵粒，又可将脱粘剂迅速冲洗干净；待卵粒充分吸水后，减小水量，控制在卵粒既可以慢慢随水翻动，又不会沉底的为宜；当鱼苗开始出膜时，再加大水量，在辅助鱼苗出膜的同时，又防止鱼苗沉底窒息；当鱼苗具备一定的游泳能力时，即可减小水量，避免鱼苗顶水游动消耗过多的体力，提高鱼苗的成活率。

2. 水温管理

水温决定孵化速度。一般情况下，长吻鮠孵化的水温为 22～28℃，最适水温 23～26℃，当水温为 24.5～27.5℃，受精卵孵化 40～50 小时仔鱼出膜；当水温为 22.5～24.5℃，孵化 60 小时左右仔鱼出膜；水温 17～22℃，需孵化 80～100 小时仔鱼出膜。孵化时要控制好水温，变化幅度不宜太大，如短期内超过 3℃，将导致受精卵胚胎的死亡。在可能出现寒潮的地区，孵化池需配备加温设备，常用的有锅炉或电热器等，当温度低于 20℃时，需要开启加温设备调节水温，当温度高于 28℃时，需立即加注新水，以降低水温。长期的实践经验告诉我们，过长或过短的孵化时间，都不利于鱼苗生长和发育，其成活率显著低于正常孵化出的鱼苗。

3. 发育管理

当受精卵细胞分裂到原肠期后，就可用肉眼分辨受精情况，受精卵呈现晶莹透明的黄色，而未受精卵则是白色不透明状，随着发育的进行，未受精卵膜逐渐变得混浊，最后长出水霉菌丝。因此，必须及时用镊子夹除未受精卵和感染水霉菌的卵，并每天用高锰酸钾或福尔马林对池水消毒一次，抑制水霉菌的传播。否则，水霉会很快感染其他正常发育的受精卵，导致孵化

"全军覆没"。

长吻鮠在孵化过程中，需要多次对发育情况进行镜检。根据对长吻鮠胚胎发育进行观察（苏良栋等，1985），在 21～27℃ 的孵化水温条件下，长吻鮠受精后，7 小时后进入原肠期，26 小时左右可见尾芽，34.5 小时后心搏期开始，59 小时后鱼苗出膜。按照这个发育节奏，根据具体的孵化水温可大致推测发育阶段，出现较大偏差可及时分析原因解决问题。

4. 记录

良好的记录资料是一个苗种繁育场不断向前发展的必备条件，记录的结果可以为今后的工作开展提供有益的借鉴。记录主要包括孵化数量、孵化时间、孵化水温、气温、出苗率及突发事件的原因和措施。

三、出膜

长吻鮠出膜时间与孵化温度呈正相关关系，在 22～28℃ 的水温范围内，经过 44～60 小时受精卵开始孵化出膜。刚出膜的仔鱼长约 0.5 厘米，身体半透明，带有一个很大的卵黄囊，卵黄囊约占鱼体 2/3 左右。刚孵化出膜的仔鱼，以自身的卵黄囊为营养，游泳能力很弱，不能自由平游，只能尾部摆动，偶作垂直或斜向运动，平时都侧卧于网箱背光一侧的底部集群，在此阶段，每日需有大流量、小流速的水体交换，应保证水体溶氧的充足。

四、下池前培育

由于长吻鮠的仔鱼刚孵出时体质柔弱，并有侧卧水底的习性，对溶氧要求也高，如果直接投放在室外池塘中进行培育，将难以成活。所以，下池前需要将带卵黄囊的鱼苗放入育苗框内进行暂养，每个育苗框约放仔鱼 1.0 万～1.5 万尾，并保证水质的清新。出膜后的仔鱼在育苗框内培育约 72 小时后，鱼苗逐渐开始平游；96 小时后，鱼苗体表色素沉积，鱼体呈灰黑色，此时鱼苗发育逐渐完善，且能自由游动时，仔鱼由内源性营养需求向混合营养需求转变，此时，即可开始投喂浮游动物。每日投喂 2～4 次经过 80 目网布过滤后的轮虫一类的小型浮游动物，其成活率可达 90% 以上，动物饵料不足时可补充一定数量的蛋黄浆；在此后的一段时间，鱼苗不断发育，色素逐渐布满全身，体型向成鱼发展，投喂饵料的数量和大小也随仔鱼的发育不断增加，到出膜后第 6 天，鱼苗能灵活游动，体长约 1 厘米左右时，鱼体呈灰黑色，即可准备下池培育。

在育苗框暂养的过程中要注意不断冲水增氧，用水必须经过 80 目以上的网布过滤，以清除敌害生物。仔鱼开口后要注意经常清理育苗框内的杂物与粪便，以免影响鱼苗的正常发育生长。

第四章
长吻鮠苗种培育

长吻鮠孵出后，此时仔鱼依靠自身卵黄囊提供营养，随着鱼苗的生长，仔鱼逐渐由内源营养向外源性营养过渡，开始摄食适口性饵料。刚出膜仔鱼全长5.33 ~ 6.41毫米，5天后开口摄食，第14天开始摄食水蚯蚓时，全长可达到20 ~ 25毫米。此时鱼苗还较为脆弱，游泳能力弱，活动范围小，容易受到其他生物的侵害，如果直接进入大水面养殖，成活率会很低，因此，需要经过一个过渡饲养，待养成5 ~ 10厘米规格的鱼种后，再放入大水面进行成鱼养殖。

第一节　培育前准备

一、苗种池基本条件

苗种培育池选择形状规则的水泥池，面积50 ~ 60平方米，水深0.5米（图4.1），培育池有独立的进排水系统，且靠近水源，进排水口用密网封闭，检查全池是否有孔、洞，以防水花随孔洞外逃。长吻鮠具有显著的负趋光性，因此培育池需要增加遮阳设施，如在池边加盖石棉瓦，给苗种提供一个暗环境。

图 4.1　长吻鮠鱼苗培育池

二、大塘圈养模式

即在大塘中设置一个体积约 5 ~ 10 立方米、网目 80 目的网箱，鱼苗直接在网箱中培育。其优点是鱼苗在大水体中，不容易缺氧，且达到 5 ~ 10 厘米后，可直接进入大塘，减少中间的人工操作环节，降低了鱼苗的应激反应，一定程度上有利于鱼苗的生长发育（图 4.2）。

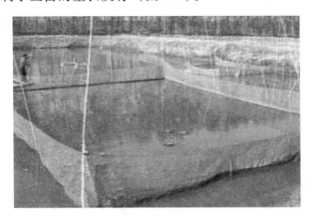

图 4.2　长吻鮠大塘圈养培育

第二节　鱼苗培育

一、下池前准备

在鱼苗下塘前半个月，彻底清塘暴晒消毒，也可用生石灰或漂白粉进行全池消毒，生石灰用量 0.1 千克/米^2，漂白粉用量 0.005 千克/米^2 兑水调匀后全池泼洒。提前 7~10 天将培育池清洗干净，注入新水（经 80 目筛网过滤）50~60 厘米，鱼苗下塘前 5~7 天（依水温而定），50~60 平方米培育池全池泼洒经发酵的粪肥 10 千克。

鱼苗下塘前，全池检查池中是否残留敌害生物。清塘后到放鱼苗前，鱼苗池中可能还有蛙卵、蝌蚪等敌害生物，必要时应采用鱼苗网拉网 1~2 次，予以清除。鱼苗下塘前，每天用低倍显微镜观察池水轮虫的种类和数量如发现水中有大量滤食性的臂尾轮虫等，说明此时正值轮虫高峰期；如发现水中有大量肉食性的晶囊轮虫，说明轮虫高峰期即将结束，需追加全池泼洒腐熟的有机肥料 5~10 千克。

二、下塘

1. 鱼苗品质鉴定

鱼苗品质的鉴定对制定培育管理计划，提高鱼苗成活率，保证良种品质具有重要意义。鉴别标准如下：

（1）看体色

好鱼苗群体色素相同，体色鲜艳有光泽；差鱼苗往往体色略暗。

（2）看群体组成

好鱼苗规格整齐，身体健壮，光滑而不拖泥，游动活泼；差鱼苗规格参差不齐，个体偏瘦，有些身上还沾有污泥。

（3）看活动能力

如果将手或棒插入苗碗或苗盘中间，使鱼苗受惊，好鱼苗迅速四处奔游，差鱼苗则反应迟钝。

（4）看逆水游动

用手或木棒搅动装鱼苗的容器，使水产生漩涡，好鱼苗能沿边缘逆水游动，差鱼苗则卷入漩涡，无力逆游。

（5）看离水挣扎程度

好鱼苗离水后会强烈挣扎，弹跳有力，头尾弯曲成圈状，差鱼苗则无力挣扎，或仅仅头尾颤抖。

根据鉴别标准，对不同孵化框内苗种进行分级，分池饲养或淘汰不合格者。

2. 放苗

前期准备工作完成后，提前一天随机放入几十尾长吻鮠鱼苗进行试水，经测试水质没问题后，在一天气温较低的时候（一般是早晨太阳出来前和傍晚太阳下山后），选择鳔充气，能平游、能主动摄食外界食物，体质健壮的鱼苗，用塑料鱼苗袋装好后下塘。将装有水花的鱼苗袋放入培育池，避免阳光照射，待袋内水温与培育池水温相差小于 2℃ 时（浸泡时间视温差大小，一般浸泡 2~3 个小时），轻轻解开袋口，逐步装入池水，再慢慢倾斜袋口，让鱼苗顺水进入培育池。放养密度视鱼池条件、浮游动物量以及出塘苗种的规格而定。一般为放养密度为 100~500 尾/米^2。

三、投喂

鱼苗下水后，其饵料要经过轮虫－水蚤－水蚯蚓三个阶段的过渡，这几个阶段都不尽相同。

1. 轮虫阶段

此阶段鱼苗主要以轮虫为食。为维持池内轮虫数量，鱼苗下塘当天就应泼洒豆浆和熟蛋黄浆，每天上午、中午、下午各 1 次，豆浆和熟蛋黄浆一部分供鱼苗摄食，一部分培养浮游动物。

2. 水蚤阶段

此阶段为鱼苗下塘后 3～10 天，随着鱼苗的不断长大，原有的饵料已不能满足需求，这时可投喂熟蛋黄浆和经过过滤的水蚤，水蚤用 40 目筛娟网过滤后投喂，50～60 平方米的池子一次投喂 1.5～2.5 千克，此后可逐日补充。

3. 水蚯蚓阶段

鱼苗下塘后 10～15 天，此阶段大型浮游动物已剩下不多，不能满足鱼苗生长需要，此时鱼苗长到 2.5～3 厘米，即可逐步开始投喂水蚯蚓。投喂量按照每天每池 0.5 千克，上午和下午各 1 次，全池泼洒，以满足鱼苗生长需要。

四、管理

鱼苗培育期要加强管理，每隔 2 个小时巡塘一次，密切观察鱼苗活动情况、池塘水质、天气、水温变化情况等，做好日常管理记录，捞除蛙卵和杂物，消灭有害昆虫和幼虫。放养初期尽量不加水以便保持稳定的生存环境，有助于鱼苗度过适应期，随着鱼苗的不断长大，就需要经常注入新水，逐渐的加深池水，鱼苗 1.5~2.5 厘米长时，池水深度保持在 50~80 厘米；鱼苗 2.5~5 厘米长时，池水深度 80~120 厘米，加注新水要少量多次，逐步加注，防止水流过大冲起池底淤泥，搅浑池水，这样即可改善水质，又起到了加大鱼苗活动空间的作用。注水时须在注水口用密网拦阻，以防野杂鱼和其他敌害生物进入池内。此外，每 3 天对鱼苗进行一次镜检，预防病虫害的发生。

第三节　转食驯化

当长吻鲩鱼苗长到 3~5 厘米时，即可分池进行转食。转食驯化池面积与苗种培育池面积相当，转食放养密度为 100~200 尾/米^2，鱼苗进入驯化池 1~2 天，待其适应新环境后，即可开始转食人工饲料。

一、转食饲料

长吻鲩是肉食性鱼类，因此选择高蛋白含量的鳗鱼料或鳖料作为转食饲料。采用水蚯蚓与转食饲料混合成团块状，转食初期水蚯蚓在混合料中占 80% 以上，随着转食的进行，根据每日的摄食情况，通过反复调节水蚯蚓的占比控制摄食强度，直至最后完全进食人工饲料为止。

二、转食驯化投喂方法

转食初期，沿着池壁或鱼苗聚集点大范围投喂，每日投喂 2~4 次，日投喂量为鱼体重的 15%~20%，每次投喂观察饲料剩余情况和吃食情况，可适当增减水蚯蚓的量来调节摄食强度，投喂过程中敲击池壁，强化鱼苗对声音适应的驯化效果，逐步过渡到声音诱导摄食人工饲料。通常经过 7~10 天的驯化，90% 以上的鱼苗都能很好地摄食人工饲料。

第四节 鱼种培育

一、池塘选择

转食之后的长吻鮠鱼种就可以下大塘培育了，鱼池选择需通风向阳，池形整齐，东西走向，长方形，鱼池面积1~2亩左右，水深1.0~1.5米，有单独的进排水系统，池埂坚固、不漏水，池底平坦，淤泥少，无砖瓦石砾，无丛生水草，以便于拉网操作。并在池中设置增氧机1台，培育池设2~3个食台。以便于控制水质和日常管理。

二、下塘前准备

根据鱼种培育池所需要求，必须进行整塘和清塘。将池水排干，清除过多淤泥和杂物，修整鱼池，曝晒数日后，在鱼苗放养前10~15天用生石灰清塘。使用生石灰清塘有两种方法：第一种是干法清塘，一般每亩用60~75千克；第二种是带水清塘，生石灰用量为每亩平均水深1米用125~150千克。

三、施基肥

鱼种池在夏花下塘前应施有机肥料以培养浮游生物，这是提高鱼种成活率的重要措施。一般每亩施放腐熟粪肥200~300千克，作为池塘培育水质的基肥，但以后不再施追肥。

四、下塘

长吻鮠夏花放养时应选择种质符合生物学形态特征要求，活动力强、体质健壮、体色一致，无损伤、无疾病、无畸形，规格基本整齐的鱼苗。放养前必须用药物体外消毒，防治病体带入新的培育池内，一般用2.5%～3%食盐水浸洗5分钟左右，放养时温差不能大于±2℃。放养前须加注经40目过滤新水，鱼种的放养密度为3 000～5 000尾/亩，苗种下塘饲养10天后每亩套养规格尾3～4厘米的白鲢鱼种60～80尾、花鲢20～30尾，一次性放足。

五、营养需求

长吻鮠的动物蛋白需求较高，一般选择蛋白含量较高的鳗鱼配合饲料，但价格较高；为了降低饲养成本，也可自制配合饲料。培养大规格长吻鮠鱼种的配合饲料有甲、乙2个配方，尾重10克以下的鱼种喂蛋白含量50%～52%的甲配方饲料，10克以上的用蛋白含量45%～47%的乙配方。原料有：鱼粉、熟豆饼（或熟黄豆粉）、小麦粉、酵母、菌体蛋白粉、血粉、肉粉、肠衣粉、地脚面粉（次粉）等，蚕蛹和菜籽饼的用量一般不超过5%。外加1%～2%的添加剂，在饲料机上加工成直径2～4毫米的颗粒干储备用。日投料2～3次，日投饲量为鱼体重的3%～5%。

六、驯化

对长吻鮠鱼种进行科学合理的驯化是苗种培育技术的关键。其方法是在池边阴暗处，标记一点，作为固定的投饵点，夏花下塘的第二天开始投喂。每次投喂前人在标记处先敲击，然后每隔10分钟撒一小把饵料，无论吃食与否，如此坚持7～10天后，大多长吻鮠鱼种都能集中吃食。

七、投喂

长吻鮠鱼种的饲喂要做到"四定"，即定时、定点、定质和定量。每日投喂2～3次，由于长吻鮠喜欢在暗光条件下活动，因此早、晚天色较暗的情况下可适当加大投喂量，可按早∶中∶晚＝3∶2∶5的比例投喂；饲料全部投喂

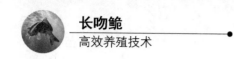

在食台附近，投喂时应少量、多次，尽可能避免饲料沉入池底；饲料要保证优质新鲜，稍有霉变应立即换掉；饲料每次的投喂量一般控制在以 2 小时内吃完为宜。每日巡塘 3~4 次，主要查看是否有病鱼或死鱼、水色变化、饵料摄食情况等，发现不良情况应第一时间作出处理。

八、日常管理

① 每日早晨和下午分别巡塘一次，观察水色和鱼的活动情况。早晨如鱼种浮头过久，应及时冲水解救。下午检查鱼种吃食情况，以便确定次日的投饵量。

② 适时注水，改善水质。要求水的透明度在 40~50 厘米为宜，水中溶氧保持在 5 毫克/升以上。为防治水质变坏，应定期加注清新水，6—8 月，每10~15 天加注新水 20~30 厘米。每 20 天左右，每亩用生石灰 10~15 千克化浆后全池泼洒，调节水质即控制 pH 值 6.8~8.5。在 7—8 月高温季节或阴雨低气压天气，应注意饲养水体溶氧变化，水中溶氧低于 2.5 毫克/升或鱼有浮头征兆，应减少投饵量与加注清新水，并开动增氧机。

③ 每 7~10 天检查一次鱼体生长情况，每半个月调整一次日投饵量，影响投饵量的因素很多，除水温、水质（溶氧、pH 值等）外，鱼体本身的生理状况、天气、饲料的可口性等对摄食量也有很大影响，因此必须灵活掌握，合理投饵，为了做到数据齐全，每口池塘应建立档案，做好鱼塘记录等日常管理工作。

④ 经常清除池边杂草和池中杂物，清洗食台并进行食台、食场消毒，以保持池塘卫生。

⑤ 做好防逃和防治病害等工作。

⑥ 做好日常管理的记录。

第五节　越冬管理

秋末冬初，水温降至10℃以下时，鱼种基本已不摄食，即可开始拉网、并塘。并塘注意事项如下：

① 并塘时应选择水温在10℃左右的晴天拉网捕鱼，分类归并。

② 拉网前鱼种应停食3~5天，拉网、捕鱼、选鱼、运输等工作应小心细致，避免鱼体受伤。

③ 应选择背风向阳，面积2~3亩，水深2米以上的鱼池作为越冬池。

第六节　鱼种质量鉴别和选择

鱼种质量优劣可采用以下方法鉴别：

1. 看出塘规格是否均匀

同种鱼种，凡是出塘规格均匀的，通常体质均较健壮。个体规格差距大，往往群体成活率低，其中那些个体小的鱼种，体质消瘦。

2. 看体色和体表

好鱼种苗群体色素相同，体色鲜艳有光泽，体表有一薄层黏液；瘦鱼或病鱼往往体色较深或略暗，缺乏黏液，体表无光泽。

3. 看鱼种游动情况

健壮的鱼种游动活泼，逆水性强，在网箱中密集时鱼种头向下，尾朝上，只看到鱼种在不断地煽动。反之则为劣质鱼种。

　　为保证良种质量，应严格按照种质标准，在冬季整塘时严格按照鱼种鉴别方法，对鱼种进一步筛选，以确保亲本精良。

第五章
成鱼养殖

自 20 世纪 90 年代初，四川省农业科学院水产研究所研究攻克长吻鮠的苗种繁育技术以来，长吻鮠的成鱼养殖在我国各省迅速推广，其养殖和管理技术不断发展，并日臻成熟，养殖产量和效益等水平逐步提高。就养殖方式而言，目前主要以池塘静水养殖和水库网箱养殖为主，流水微流水养殖较为少见。

就产量来说，目前主要集中在广东、四川两省，贵州、云南、湖北、江苏、安徽、浙江等省有少量养殖。广东、四川两省以池塘静水养殖为主，其中广东的亩产量最高（2 000~3 500 千克/亩），四川亩产量 750~1 750 千克/亩；贵州、云南两省主要是水库网箱养殖，网箱多为 5 米×5 米×3 米，单个网箱出产成鱼 1 500~2 500 千克左右。

第一节　成鱼养殖的技术基础

一、养殖周期

长吻鮠的性成熟年龄为 4~5 龄，性成熟以前雌雄个体生长速度都较快，

且雌雄个体间的生长速度没有显著差别。第一次性成熟后生长速度有所下降，而且雄鱼生长速度开始比雌鱼快（长吻鮠的生长特性与年龄的关系详见第一章）。因此，理论上讲，在长吻鮠的性成熟以前都属于成鱼养殖的最佳时期。但受市场因素和养殖分工的细化，目前生产上一般是由专业的养殖户培养当年水花至 50～100 克鱼种，再由成鱼养殖户养殖 1～2 年，达到上市规格。

二、对环境因子的要求

在长吻鮠的成鱼养殖过程中，对其生存及生长环境都有特殊的需求。其中，对水体中的溶解氧、铵离子、亚硝酸盐、pH 值、水温、重金属离子等都有极为严格的要求（见第二章）。如果养殖水体不能满足鱼体对这些环境的要求，特别是溶解氧、铵离子、亚硝酸盐等因子的要求，鱼体不但生长、发育受阻，而且容易发展各种疾病，造成损失。因此，长吻鮠养殖水体的环境调控是长吻鮠成鱼养殖的主要内容。

三、养殖模式

根据长吻鮠的生物学特性及养殖实践，长吻鮠的成鱼养殖以单养模式为佳，可套养部分花、白鲢调节水质。长吻鮠与胭脂鱼的混养模式也是一种成功的养殖模式，但胭脂鱼的套养比例不宜超过 80 尾/亩。从养殖方式上看，只要能满足长吻鮠对环境因子要求的各种水体（如池塘、网箱等），均可开展长吻鮠的成鱼养殖。

四、饲料效率

饲料效率是单位饲料的鱼体增重率，是对鱼体增肉效能和养殖水平的评价，一般用饲料系数来反映。饲料效率随着环境条件和饲养技术水平的变化而变化，当环境条件恶化、放养密度过高、或投喂量过多或过少时均会造成饲料效率的下降。饲料效率也与鱼类的生长阶段有关，一般稚鱼、幼鱼期比成鱼期饲料效率高，同时由于稚鱼、幼鱼期鱼苗还可摄食其他浮游动物等天然饵料，因此其饲料系数更低。长吻鮠成鱼养殖的饲料系数一般在 1.1~1.4。

五、影响成活率的因素

影响长吻鮠成鱼养殖成活率的因素有苗种质量、规格、养殖技术水平、饲养管理水平、管理措施（如防逃、防盗等）。其中，好的苗种质量是前提，养殖技术水平（如水质调控等）是关键。在网箱和流水养殖时，防逃和防盗也是两个重要环节。长吻鮠对溶解氧的要求较高，在养殖生产中如果水质调控不当，极易使水体出现低氧状况，造成水体水质变差、鱼类生长缓慢、感染疾病等情况发生，甚至出现缺氧泛塘的后果，造成损失。因此，在长吻鮠的养殖过程中，应特别注意巡塘和观察，当发现不利因素时，要及时采取相应措施进行控制，同时注意改善不利的饲养环境条件。

第二节　池塘静水养殖

池塘静水养殖是长吻鮠成鱼养殖的传统模式和主要方式。近些年来，随着养殖技术水平的不断提高和设施渔业的发展，长吻鮠池塘静水养殖的放养密度不断加大，产量不断提升。

一、养殖条件

1. 池塘

目前，开展长吻鮠成鱼养殖的池塘从几亩到数十亩不等，但从管理和养殖效果来看，池塘面积以 5~10 亩为佳。长吻鮠成鱼养殖池塘一般采用长方

形泥底，水深 1.2~2.0 米。每个池塘设独立的进、排水系统，方便及时注水和排水，以调节和控制水质。在水源充足的条件下，还可进行微流水养殖，以增加单位放养量，达到高产稳定的目的。放养鱼种前，要对鱼池进行严格的清淤、晾晒和消毒。

2. 水源

长吻鮠成鱼养殖大多数采用水质良好、无污染的自然河水、水库水作为水源，部分地区也有采用地下井水作为水源的。但不管采用何种水源，必须符合渔业水质标准。

3. 增氧设施

长吻鮠对溶解氧和水质的需求较高，同时充足的溶解氧对水质的改善有着重要的作用，因此保证充足的溶解氧供应是池塘静水养殖长吻鮠的技术关键，因而增氧设备是必备的。目前采用的机械增氧主要有增氧机增氧和微孔增氧技术增氧两种方式。如果采用增氧机增氧，可按 1 千瓦/亩来配置，同时设置一个增氧机备用，以防意外的发生。采用微孔增氧时，一般一套设备可供约 30 亩成鱼养殖池塘使用，同时最好也配备部分增氧机以防意外。

4. 排污设备

适时排污对维持池塘水质稳定具有十分重要的作用，如果条件许可，长吻鮠成鱼养殖池塘最好配备排污设备，如配备可以排放底层水、又能保持一定水位的闸阀，或利用活动吸污泵进行人工排污。

5. 放养规格和密度

长吻鮠的成鱼养殖一般采用头年生产的 1 龄鱼种，规格 50~100 克。放养密度根据放养规格和养殖技术水平而调整，一般放养密度为 1 500～3 000 尾/亩。

二、饲料与投饲

长吻鮠成鱼饲料的蛋白含量要求达到 40%～42%，能量与蛋白含量比为 103 左右。目前市场上已有成熟的长吻鮠全价配合饲料销售，可以满足长吻鮠的生长需要，但采购时应选择与鱼种口径相适应的粒径。

由于长吻鮠有避光的特性，投饲时一般选择在日出前和傍晚日落后投喂两次，投饲率在 1.5%～3.0%。投饲应遵循"四定"原则，即定时、定点、定质和定量。同时根据天气状况、鱼体活动情况、水质、水温等调整投饲量。

在投喂方式上，目前生产上主要有两种方式。一种是在池塘中设置饵料台，按 3～6 个/亩设置，投喂时把饲料投在饵料台上。这种方式有利于观察长吻鮠的摄食情况，但容易造成投喂不足或投喂过量的情况。另外一种方式是不设置饵料台，通过驯化采用机械投饵或人工投饵。这种方式对驯化水平要求较高，否则容易造成长吻鮠个体生长参差不齐和饵料浪费。

三、日常管理

日常管理是决定长吻鮠养殖成败的关键。由于长吻鮠对水质和溶解氧要求较高，应随时检查增氧设备，保证增氧设备的正常运转和池塘溶氧在 5 毫克/升以上；每天清晨清污，保持池水清洁；做到早、中、晚的巡池，观察鱼的活动情况、摄食情况等；定期注水，保持池水清新，注水次数和注水量要视水质情况灵活掌握。同时做好养殖记录，内容包括水温、投饲量、鱼类活动情况和摄食情况、注水情况，以及用药情况等。定期检查鱼体生长情况和健康情况，以便及时发现问题和采取有效措施。

1. 分筛和分池

目前长吻鮠成鱼养殖生产上很少采用分筛和分池措施。但由于鱼类种内存在较大的生长异质性，经过一段时间的饲养，鱼类个体一般会出现一定的个体生长差异，在放养密度较大时这种情况更为明显。如果不及时将不同大、小个体分级饲养，这种差异会进一步加大，影响养殖效果。同时分筛和分池还有利于使鱼类保持适宜的密度。因此，建议在饲养一段时间后要进行分筛和分池（每月1次）。

2. 鱼病防治

长吻鮠成鱼养殖鱼病防治要坚持以防为主、防治结合的原则。从环境、鱼体和饲料等多方面着手，防止疾病的发生。在放养鱼种前，要对鱼种进行严格的检疫和消毒；物料和工具在使用前必须消毒，而且最好做到专池专用，以防交叉感染。同时要注意饲料的贮存方法和贮存期，严防使用变质的饲料。最为关键的是要为长吻鮠的生长创造良好的环境条件，调控好水质，并根据鱼类的生物学特点和发病规律，有针对性的做好防治工作。做好这些，在长吻鮠的成鱼养殖过程中，一般很少发病，如果出现病症，可参考鱼病防治章节进行防治。

四、养殖实例

四川省眉山市东坡区万胜镇杨某某，从2000年左右开始进行长吻鮠的池塘静水养殖，取得了良好的效果，现将其情况介绍如下：

1. 池塘条件

池塘面积一般在 8～15 亩（图5.1），长方形，池塘坡比1:3，水深1.2～

图 5.1　长吻鮠池塘静水养殖

图 5.2　长吻鮠池塘静水养殖饵料投喂

1.5 米，池塘水源为地下井水。

2. 清塘消毒

采用生石灰带水清塘，生石灰用量为 75～100 千克/亩。

3. 鱼种放养

采用 1 龄鱼种，规格 50～100 克，放养前用 2%～3% 的食盐浸洗消毒。放养时采取一次性放足，放养密度为 1 500 尾/亩。放养时间为每年的 3—4 月。

4. 投饲

饲料采用长吻鮠成鱼全价配合饲料，每天投喂 2 次，投喂时间为日出前和日落后（图 5.2），投喂时严格按照"四定、四看"执行，投饵率约为 2%。

5. 日常管理

眉山地区水产养殖技术较为发达，养殖户技术水平普遍较高。养殖期间增氧机严格按照"三开两不开"的原则，同时在晴天上午 10:00 至下午16:00 开增氧机进行水质调节。水位控制在 1.2 米左右，每 20 天注水一次，以补充水量和调节水质。此外，严格做好养殖记录管理。

6. 鱼病防治管理

坚持以防为主，防重于治的方针。平时一般不用药，只是用微生物制剂调节水质，养殖过程中一般不发病。

7. 养殖结果

长吻鮠成鱼养殖期一般为 8 个月，出塘规格约 700 克，饲料系数约 1.3，产量约 1 500 千克/亩。取得了良好的效益。

第三节 流水养殖

流水养殖是依靠从池外（水源）流入的新水，为养殖鱼类提供新陈代谢所必需的、足够的溶解氧以及良好的水质条件等，并使鱼体的排泄物和残饵等物质随水流流到池外，以保证良好水体环境的一种养殖方法。由于流水养殖可以获得比静水池塘养殖更高的产量和效益，近年来，在有条件的地方，越来越多的养殖户采取了流水养殖的方式，取得了良好的效益。

一、鱼池结构

鱼池结构合理、面积适当、深度和水量适宜是流水高密度养殖获得成功的前提。流水池的形状有圆形、长方形、正方形、椭圆形等多种形状，面积从数十至几百平方米不等，根据长吻鮠的生物学特性，长吻鮠流水养殖目前使用最广泛的是采用长方形、面积较大的池塘（200 平方米以上），长方形鱼池的水利用效果较好，水流可以均匀地流过整个鱼池，同时长方形鱼池的造价较圆形等要低。

流水池的水深不宜过深，以 70~80 厘米为宜。限定池水深度有利于加快鱼池流速，提高池水交换率。同时池水平均流速控制在 2~16 厘米/秒为宜。

鱼池的排列有并联和串联两种方式，并联的效果较串联为佳，适于高产。若水量充足，地形许可应尽量采用并联（图 5.3）。但若水量不足或为了充分利用水量，也可采用并联和串联相结合的方式，但串联一般不超过 3 个鱼池，

也可获得高产，同时应加大排水闸门过水断面。

排水闸是流水池建设的重要构成部分。一般应设置三道：第一道为拦鱼栅；第二道为底排水闸，控制底部 15～20 厘米处排水；第三道为水位控制闸，便于底部污物的排出。

放鱼种前，应对鱼池进行严格的清洗、消毒和晾晒。消毒可采用生石灰或高锰酸钾等消毒液进行。对新建鱼池，还需在放鱼前 1 个月注水浸泡。浸泡或消毒完成后，用清水冲洗干净后晾晒 2 天待用。

图 5.3　长吻鮠流水养殖

二、鱼种放养

高密度放养是流水养殖高产量的基础，即必须投放足够数量、体质健壮和规格整齐的鱼种。放养密度与水流量、养殖技术水平、放养规格等因素有关。如果水流充沛、放养规格较小、养殖技术水平较高可以适当增加放养密度，但放养量不能超过鱼池承载的极限量。这是因为每尾鱼都需要一定的生活空间，如果放养密度过大，即使水量充沛，鱼的摄食行为也会受到抑制，同时随着水流速的增大，还会导致鱼的基础代谢增大，导致鱼的生长受阻、饲料系数增大、摄食率和成活率下降等一系列后果。因此，把放养密度控制在放养极限以内，是提高养殖效果的有效措施之一。

在生产上，可根据预定的年生产量，在饲养条件许可范围内，按年生产量的 20%～30% 进行放养。例如：如果计划每亩产 3 000 千克以上长吻鮠成鱼，则鱼种放养量可在 600～900 千克。

三、饲养管理

科学饲养和精心的管理，是提高长吻鮠流水养殖效益的保证。

1. 饲养模式

为了提高流水池的利用效率和养殖效益，可以采用分级、分池的养殖模式。在鱼种养殖阶段，可以适当加大养殖密度，随着鱼类的生长，再适当的降低密度，分池饲养，已达到充分利用鱼池、增加产量和效益的目的。

2. 水的管理和控制

注水是流水池高溶解氧和水质良好的保证。当水量充足时，流水池的注水率应保证在 10%～15%，以保证鱼池水质良好和鱼的健康生长。注水率可按以下公式计算：

$$注水率 = 注水量（L/s）/饲养鱼重量 \times 100\%$$

当注水率过小时，表明水量不够，会导致缺氧或水质变坏，此时应通过增加注水量或增氧设备来改善池水溶解氧状况。

3. 日常管理

（1）污物清理

发现死鱼或漂浮杂物要及时清除。应对进、出水口拦鱼栅的网眼经常进

行检查和清洗，防治拦鱼栅因杂物阻塞而影响水交换。每天开启排水闸 2 次，排走大部分的残饵和鱼类排泄物，每隔 5~7 天再用拖板清除池底沉积物，减少池底沉积物的耗氧，防止水质恶化和鱼病的发生。也可在每个饲养池中放养 10~20 尾的鲤或鲫，以利于清除池底的粪便和残饵。

（2）投饲

长吻鮠流水池养殖与池塘养殖一样，饲料一般采用商品全价配合饲料，每天投喂 2 次，投喂时间为日出前和日落后。由于流水池面积小，较一般静水池塘容易驯化，所以通常不设饵料台，而采用人工或机械投喂。

在长吻鮠的流水养殖过程中，除要根据水温、水质状况、鱼类活动情况等常规因素进行调整投饲量以外，当出现以下情况时，还要控制投饲量：① 水量减少时；② 饲养池水质混入污物或水体变浑浊时。这两种情况都会影响水中的溶解氧状况，即当出现影响水中溶解氧状况时要控制投饲量。

（3）鱼病防治

长吻鮠流水养殖期间如果养殖密度没有超过极限，一般不生病。当出现鱼类生长减缓、食欲减退的现象时，需要找出原因再对症预防和治疗，避免滥用药物。

四、养殖实例

四川省宜宾市群星渔业有限责任公司，从 2009 年开始进行长吻鮠的流水养殖，现将其情况介绍如下：

池塘条件

池塘面积为每个 300 平方米，长方形，水深 1.0~1.3 米，水流速为 4~10 厘米/秒。

1. 放养密度

采用 1 龄鱼种，规格 50~100 克，放养前用 2%~3% 的食盐浸洗消毒。

放养时采取一次性放足，放养密度为 3 000～5 000 尾/亩。

2. 投饲

饲料采用长吻鮠成鱼全价配合饲料，人工投喂，投饵率约为 2%。

3. 日常管理

每隔两天对进、出水口拦鱼栅的网眼进行检查和清洗，每天开启排水闸两次，每隔 5～7 天用拖板清除池底沉积物。

4. 鱼病防治

平时一般不用药，如果发现鱼病，找出病因后再对症下药。

5. 养殖结果

长吻鮠成鱼养殖期一般为 1～2 年，出塘规格一般在 1.5～2.0 千克，饲料系数约 1.5，产量约 3 000～4 000 千克/亩。

第四节　网箱养殖

网箱养殖是指在大型水体，如湖泊、水库等自然水体采用网箱为养殖载体的养殖方式。是一种投资小、产量高的集约化养殖模式（图 5.4）。近年来，在四川省泸州市出现了一种船体网箱养殖模式，其原理与传统网箱养殖模式相似，因此本书不再单独介绍。

一、选址

网箱选址首先要考虑的是养殖水域周围的社会环境和自然条件，网箱养

殖水域必须要在当地政府及其渔业行政主管部门规划的养殖范围内，远离风景名胜区或人类活动较频繁的区域，不妨碍航运交通，周边环境无工业污染源。水源水质符合《渔业水质标准》（GB 11607）的规定。

图 5.4　长吻鮠网箱养殖

二、网箱的构造

常见的网箱有正方形、长方形、多边形、船形等多种形状，根据其设置方式又可分为固定式、浮动式和下沉式等多种类型，但无论哪种网箱，其基本结构都是由浮子和固定装置构成。本书第二章已做介绍，在此不再赘述，但值得指出的是，网箱的设置方式适当与否，直接影响网箱的管理以及养殖效果。设置网箱时主要需要从水域条件、养殖对象和操作管理方式等方面加以考虑。

三、鱼种与放养密度

1. 鱼种

与其他养殖方式一样,鱼种质量要求规格整齐、体质健壮。此外,由于鱼种的养殖地点一般离网箱养殖地点较远,长途运行可能造成鱼体损伤,运输后还会产生较强的应激反应,因此鱼种运输前需要进行适应性训练。一般在起运前的鱼种应提前进行 2~3 次的拉网锻炼,可同时进行筛选分级、计数。此外,还应在起运前停饲 1~2 天,以增强鱼种的耐运力和运输途中的氧气消耗,确保运输途中安全和提高运输成活率。

2. 放养规格

网箱养殖的放养规格要根据养殖模式和养殖计划来确定。如果是直接养殖成鱼,一般还是采用 50~100 克的 1 龄鱼种。但也有不少养殖户采取从 3~6 厘米鱼种开始放养,待鱼种规格长大后再分级和分箱的模式。具体放养规格应根据自身养殖水平和养殖规划来决定。

3. 放养密度

放养密度应根据苗种规格、出箱时规格,以及水流、水交换能力、水温及变幅、溶解氧含量、管理水平等多因素来决定。一般的放养密度可按照 50~100 千克/米^2(最终出箱时密度)来确定。对溶解氧含量较高、水质条件较好、养殖水平较高的可适当提高放养密度。掌握放养密度的原则是:网箱体积越大,相对放养密度应越小;放养规格越大,放养密度越小,但相对体重增加;溶氧量越高,水体交换率越高,放养密度越大。生产周期越长,初始密度越小;周期越短,初始密度越大。

四、投饲

网箱养殖的投饲量与流水养殖基本一致，可参考相关章节。一般采用商品全价配合饲料，每天投喂 2 次，投喂时间仍为日出前和日落后。在投饲方式上，也有设饵料台和采用人工或机械投喂两种方式，根据生产实践，两种方式效果均比较理想。

五、日常管理

1. 鱼类活动状况

网箱养殖日常管理的一个重要内容就是观察鱼类的活动情况。正常情况下长吻鮠鱼群沉于网箱底部，水面不能见到成群的现象。如发现有缓慢无力的游动于水体表面或游动于网箱四周，受惊吓后无反应或反应不强烈；或者是狂游、跳跃等，均反映鱼体或鱼群有某种疾病。长吻鮠养殖最忌浮头，如有浮头，说明可能放养密度过大、网箱内外水体交换不良等，会严重影响鱼体的生长和饲料利用率，甚至出现死亡。如发生浮头，首先应查明浮头原因，然后对症采取相应措施。

2. 摄食情况

重点观察鱼类的摄食情况，包括摄食速度、摄食量等，如果设有饵料台，还应在投饲后注意检查有无残余饲料，并根据观察情况随时调整投喂量。

3. 检查网箱

网箱的完整性是养殖成功的保证。因此，应经常检查箱架、钢绳、浮子、沉子和网衣十分牢固、安全，防止松动和破损，以免发生逃逸。

4. 清污

网箱长期置于水中，容易被藻类等各种生物附着，鱼体的代谢物、残余饲料等以及水体中的悬浮物过多时，也容易附着在网衣上，从而增加网衣的重量、减少水流通量的空间，影响箱体内鱼类的生长。因此，应经常清洗网衣上的附着物，清洗时可以采用抖动、拍打、刷洗网衣来去除附着物，有条件的也可采用高压水枪来冲洗网衣。如有必要还可更换网衣。

5. 分箱

由于鱼类生长的个体差异性，养殖一段时间后适时分箱是十分必要的。分箱时应同时按体重进行分级，按鱼体大小、体质强弱分箱饲养，避免出现大小不均的情况。为了不影响养殖效果，同时减轻劳动量，分箱次数也不宜过多，建议在养殖期间分箱 1~2 次即可。

6. 做好养殖记录

鱼体一旦进入网箱，就应详细记录网箱内水质、投饲量、鱼体活动及生长、疾病与死亡情况，便于及时总结经验，发现问题。

六、灾害预防

网箱养殖主要受自然水体影响较大，可能面临各种自然灾害，如风暴、洪水、水温变化、突发性污染等，平时应针对该地区可能出现的各种突发状况做好预防和应对措施，以减少不必要的损失。

七、疾病预防

网箱养殖的特点是放养密度大，个体之间密切接触，同时还容易受附近

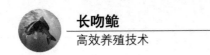

其他网箱的影响，容易感染或传染各种疾病。因此，网箱养殖的疾病预防是日常管理的一个重要环节，具体防治方法可参考相关章节。

八、养殖实例

四川省雅安市汉源县瀑布沟水库胡姓养殖户，从 2012 年开始进行长吻鮠的网箱养殖，现将其情况介绍如下：

1. 网箱面积

网箱面积为 5 米 ×5 米 ×3 米。

2. 放养密度

采用 1 龄鱼种，规格 50 ~ 100 克，放养前用 2% ~3% 的食盐浸洗消毒。放养时采取一次性放足，放养密度为 60 ~ 100 尾/米^2。

3. 投饲

饲料采用长吻鮠成鱼全价配合饲料，人工投喂，投饵率约为 2%。

4. 日常管理

每周检查网箱一次，清洗网衣一次。

5. 鱼病防治

平时一般不用药，如果发现鱼病，找出病因后再对症下药。

6. 养殖结果

养殖期一般为 1 ~ 2 年，出塘规格一般在 1.5 ~ 2.0 千克，饲料系数约 1.3，产量约 80 ~ 120 千克/米^2。

第六章
长吻鮠鱼病防治

近年来，随着我国水产养殖业的不断发展，养殖产量迅速增长，使养殖过程中自身污染和外源污染日趋严重，由此引起鱼类疾病时有发生，因此，鱼类疾病的防治越来越成为鱼类养殖过程中迫切需要解决的难题。鱼病就是致病因素作用于鱼体，使其新陈代谢失调，引起一系列病理变化，扰乱鱼的生命活动的现象。由于长吻鮠肉质鲜嫩，无肌间刺，广受消费者青睐，随着天然水域长吻鮠资源锐减，全国各地逐步兴起长吻鮠人工养殖，长吻鮠这一养殖品种在全国适宜养殖区域较广，养殖范围不断扩大，养殖密度大幅增加，苗种和成鱼在不同区域频繁流动，使疾病的发生和传播日益加剧。过去没有发生的疾病现在出现了，过去危害较小的疾病现在危害范围扩大了，危害性增强了。生产实践证明，长吻鮠人工养殖过程中疾病多，防治难度大，往往会给养殖户造成重大的经济损失。因此，我们应该在长吻鮠养殖过程中注重疾病的预防，尤其是要坚持长吻鮠鱼病防治中"预防为主，防重于治"的原则，采用生态综合防治的方法，以减少鱼病的发生和鱼病造成的损失。

第一节　鱼病发生的原因

一、环境因素

1. 水温

长吻鮠是变温动物，水温的急剧变化，鱼体往往难以适应而发生病理变化甚至死亡。如鱼苗投放时，原水体水温与需放苗鱼池水温相差不能超过2℃，鱼种不超过5℃，否则会导致鱼苗、鱼种的大量死亡。合适的水温是鱼病病原体大量繁殖的先决条件，合适的水温导致病原体大量繁殖，以致使鱼类感染疾病。

2. 水质

长吻鮠对养殖水体酸碱度的适应范围以7～8.5为宜。在此范围以外，轻者使鱼生长不良，重者致鱼死亡。若变化过大，会损害其鳃和皮肤等，对鱼造成较大伤害。水体中溶氧含量的高低对鱼的生长和生存都有直接的影响。人工养殖长吻鮠时，每升水中溶氧含量低于2.5毫克时鱼就会"浮头"，少数鱼会直接死亡，当每升水中溶氧含量低于1.5毫克时鱼就会因缺氧而窒息全部死亡。当水体中溶解氧的含量过多过饱和情况下，幼鱼容易患气泡病。当鱼长期生活在0.02～0.04毫克/升氨的水体中，会出现氨中毒死亡。若养殖场所用水源已被污染，养殖水体中的各种有毒物质将导致长吻鮠鱼肉变味，感染疾病甚至死亡。

3. 底质

养殖水体的底质是指水接触的土壤和淤泥层。尤其淤泥中含有大量的营

82

养物质，如有机质和氮、磷、钾等，通过分解和交换，不断向水中溶解和释放，为饵料生物提供养分。然而淤泥堆积过多，有机质耗氧过大，在夏秋季容易造成长吻鮠缺氧，还会使水质变坏，使鱼体机能减弱，给各种病原体侵入提供条件，直接或间接导致各种疾病，如细菌性败血病等爆发性鱼病的流行，就与长期不清淤泥有直接关系。土壤和淤泥中重金属盐类含量较高，当鱼苗、鱼种长期生活在这种环境中，容易引起弯体病。过多的有机质促进了水体中藻类大量繁殖，有些藻类不能利用，死亡后能分解产生毒素导致长吻鮠发病。

4. 人为因素

放养密度，品种，混养比例不当时容易引起鱼病。主要原因由于饵料的不足导致营养不良或混养品种摄食饵料没有协补性，造成饵料的浪费，使水体环境条件恶化，引发疾病或削弱鱼类的抗病力。养殖管理不当，没有严格坚持"五消"、"四定"的养殖操作规程，导致摄食不均，形成时饱时饥，有的还投喂腐败变质的饲料等，结果降低抗病力，导致鱼病发生。长吻鮠鱼种在越冬期间，若整个冬季不投饵，鱼体积累物质能量消耗过度，到了翌年春季，鱼体极度瘦弱，容易发病，严重时则导致死亡。

5. 生物因素

水鸟、水鼠、水蛇、蛙类、凶猛鱼类、水生昆虫、青泥苔、水网藻和水草等动植物也是长吻鮠的敌害和传播病菌的媒介，也会导致鱼病发生。长吻鮠被生物侵袭时，被直接吞食导致死亡或鱼体被损伤感染病原体导致鱼病发生，生物将作为媒介直接或间接地传播病菌等导致鱼病发生。

6. 机械性损伤

拉网和运输等过程中很容易损伤鱼体，受伤处很容易感染细菌，水霉等

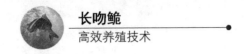

病原体，导致鱼病发生。

二、内在因素

长吻鮠自身对外界环境的变化和致病菌的侵袭都有一定的抵抗能力，只有当病原体入侵，鱼体受到损伤或防御功能失调等内外因素适应病原体生长繁殖的时候，鱼体才会生病。在一定条件下，只有外界因素的作用，或仅有病原体的作用，鱼病不会发生。长吻鮠不同性别、年龄、营养状况、体质情况下，其免疫力并不一致。例如，小瓜虫病在长吻鮠幼鱼和鱼种阶段容易发生，成鱼阶段发生率较低；瘦弱个体容易感染病菌发生疾病，而体质强壮个体不易被病菌感染。

三、病原体、敏感性和抗病力

鱼病的发生首先是要有病原体和病原体的受体，同时还要有病原体生存的环境。常见的病原体有病毒、细菌、真菌、藻类、原生动物、蠕虫和甲壳动物等。只有当病原体达到某一程度时才会引起鱼病的发生，因此应该长期坚持鱼病预防，控制病原体在不足为害的程度以下，使鱼病不会发生。养鱼水体中的病原体，缺少易感染的鱼群，疾病仍然不会发病，如体表无伤则不会发生水霉病等。若鱼体对侵入的病原体敏感性差，或有其免疫性，鱼体就不会发病。相反，若鱼体对侵入的病原体敏感，那么病原体就可能在机体内得以繁殖而使鱼发病。

因此，长吻鮠发生疾病的原因和条件，主要取决于病原体、机体对病原体的敏感性和外界环境因素。在分析、诊断、防治鱼病时，不应孤立地考虑单一因素，而要把外部因素和机体本身的内在因素等联系起来全面考虑，才能正确判断长吻鮠发病的原因。

第二节　鱼病类型和种类

一、寄生虫病

主要由原生动物、吸虫、线虫、绦虫、车轮虫和甲壳动物等病原体侵入鱼体皮肤、器官、组织所引起的疾病。如斜管虫病、杯体虫病、小瓜虫病和车轮虫病等。原生动物、甲壳动物、吸虫及绦虫对幼鱼、鱼种的危害较大。

二、真菌和藻类性疾病

主要由病原体水霉、绵霉、藻类及藻类排放的毒素引起的疾病。如水霉病（肤霉病）等。

三、细菌性疾病

主要由各种细菌病原体引起的疾病。如细菌性败血病、细菌性烂鳃、细菌性肠炎、烂皮病和烂尾病等。

四、病毒性疾病

主要由各种病毒病原体引起的疾病。如病毒性出血败血病等。

五、营养性疾病

主要是投喂营养成分不全面的饲料和摄食量不足等造成的营养不足，消化不良，营养失调和代谢紊乱的疾病，以及投喂劣质饲料引起的疾病。

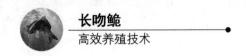

第三节　长吻鮠鱼病发生的判断方法

鱼病的患病部位主要在皮肤、鳍条、鳃、肠道和其他器官，判断长吻鮠是否患病，可以通过宏观的观察和微观的镜检以及病体培养等方法。

一、从活动情况判断

健壮的长吻鮠一般是成群集游，群居在养殖池底，行动灵活，反应敏捷，受惊吓会散开。病鱼则通常在养殖水体中、上层，甚至表层离群独游，游泳缓慢，反应迟钝，受惊吓后略向水底下潜，短暂时间后又缓慢游出水面。当长吻鮠体表和鳃上寄生有寄生虫时，会在水面旋转游动（打转）、持续跳跃或呼吸急促。

二、从吃食情况判断

长吻鮠养殖过程中，天气正常情况下投饵时抢食迅速，而且吃饲料量比较稳定，如果发现鱼群吃食量减少，甚至不吃食，应及时捞取鱼体检查和对养殖水体进行观察。

三、从鱼体外部症状判断

健康的长吻鮠眼睛、鳍条、鳃、皮肤等一般是无充血、溃烂，色泽均匀，各器官完整，体表和鳃光滑无寄生虫等。病鱼则用肉眼仔细观察体表各部位有充血、发炎、溃烂、变色、黏液增多、粗糙、畸形及肉眼可见的寄生虫等，揭开鳃盖，鳃丝溃烂、充血或变色等。

四、从内脏症状判断

通过解剖鱼体，健康的长吻鮠腹腔一般是无腹水，各器官无病变，胃、肠道食物充盈，无充血、溃烂和寄生虫等。病鱼则内脏有充血、出血、发炎、溃烂、膨胀、变色，肠道无食物，腹腔中有恶臭的腹水等。

五、从组织和病理分析判断

通过以上方法仍无法判断鱼病时，应及时寻求水产技术相关部门对病灶部位作组织切片、病理观察，对于细菌性疾病，要进行细菌分离、培养、感染试验及菌株鉴定等。以便及时诊断和治疗，减少损失，同时及时控制鱼病的流传。

六、从意外事故判断

养殖过程中，若长吻鮠短时间内大批死亡，一种可能是患某种急性病，另一种可能是中毒或缺氧。若怀疑是中毒或营养不良引起的疾病，则必须请相关部门检测水质或饲料等。

第四节　鱼药类型和给药方法途径

一、常用药物类型

为了长吻鮠养殖生产过程中科学安全用药，我们需要了解长吻鮠养殖中病害防治常用药物的类型。根据渔药业的发展和长吻鮠养殖过程中鱼药的使用情况，一般可分为四大类：水体消毒类、水质改良类、疾病治疗类和促生长类。

1. 水体消毒类

长吻鮠养殖池塘水体、生存空间等使用消毒类药物后可杀灭水体中病原菌、寄生虫及对鱼类有害的其他生物，起到预防鱼病的作用。而水体消毒类一般多用消毒剂，常用的消毒剂有漂白精、碘伏、二氯异氰脲酸钠、季铵盐络合碘渔药消毒剂、聚维酮碘溶液、复合碘溶液、强氯精（三氯异氰脲酸）、复方戊二醛溶液、次氯酸钠溶液，生石灰、二氧化氯、溴氯海因、氯杀灵、高碘酸钠溶液，表面活性剂等。

2. 水质改良类

长吻鮠养殖过程中为了实现养殖高产稳产，需要防止水质老化，水质变坏和水体藻类及杂草众生，需要不定期施用水质改良类药物改善养殖水体，使水质经常处于"肥、活、嫩、爽"状态，使鱼生存环境良好，促进鱼的摄食量，加快生长速度。常用的有 EM 菌原粉，高效复合芽孢杆菌，硝克，腐植酸钠溶液，过硼酸钠粉，过碳酸钠，过氧化钙粉，硫代硫酸钠粉，硫酸铝粉，硫酸铝钾粉，诺黄散，扑草净粉等。

3. 鱼病治疗类

治疗鱼病的药物一般有专治病毒类、抗菌类、抗寄生虫类和真菌类药物，各类药物应针对相应病类使用。

（1）治疗寄生虫类药物

长吻鮠养殖过程中防治寄生虫疾病常用药物有吡喹酮预混剂、锚头蚤克、轮克、车纤必杀、晶体敌百虫、辛硫磷粉、复方阿苯达唑粉、硫酸铜和硫酸亚铁合剂、氯氰菊酯溶液、盐酸氯苯胍粉、百部贯众散（水产用）、川楝陈皮散（水产用）和青蒿末（水产用）等。

（2）治疗细菌、真菌、病毒类药物

长吻鮠养殖过程中防治细菌、真菌和病毒引起的疾病的药物主要有氟苯尼考粉、复方磺胺二甲嘧啶粉、复方磺胺二甲嘧啶粉Ⅰ型、复方磺胺二甲嘧啶粉Ⅱ型、磺胺间甲氧嘧啶钠粉、诺氟沙星粉、维生素 K_3 粉、烟酸诺氟沙星预混剂、盐酸多西环素粉、甲砜霉素散、恩诺沙星粉、硫酸新霉素 5 粉、肝胆利康散（水产用）、三黄散（水产用）、青板黄柏散（水产用）、蒲甘散（水产用）、鱼肝宝散（水产用）和五倍子末（水产用）等。

4. 促进生长增强体质类

酶类、维生素、矿物质、微量元素以及中草药等能使长吻鮠提高生长速度增强体能。常用的有维生素 C 钠粉、盐酸甜菜碱预混剂、六味地黄散（水产用）、首乌散（水产用）和芪参免疫散（水产用）等。

二、给药方法途径

1. 口服法

该法主要是将药物或疫苗拌以黏合剂与饵料制成药饵进行投喂，药物通过鱼的吃食而进入鱼体内，杀灭体内病原体。此法可用于长吻鮠鱼病预防和治疗，具有用药量少、药物进入病变部位及时的优点，其缺点是病鱼停止吃食或吃食量少时效果较差或无效。

2. 浸泡法

该法主要是将长吻鮠集中在较小的容器或网具内，以较高的药物浓度在较短的时间内杀灭体表及鳃的病原体，具有用药量少、不影响水体中浮游生物生长等优点。其缺点是水体中的病原体不能彻底被杀灭，所以此法一般用

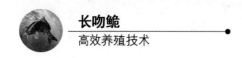

于长吻鮠转池或分箱，以及运输前后的预防和消毒。

3. 遍洒法

该法主要是在长吻鮠养殖的水体中用药物使养殖水体达到一定的药物浓度，杀灭鱼体及水环境中的病原体，可较彻底的杀灭病原体，预防和治疗效果好。缺点是用药量大，需要准确计算水体体积，且药物的药效受水体的温度、pH 值、溶氧量和浮游生物量等影响。

4. 挂袋法

该法主要是用于长吻鮠养殖过程中鱼病多发时期鱼病预防或病情较轻时采用，将药物放在具有微孔的袋子或器具中，放置在鱼群经常活动的区域，使其在水中缓慢溶解释放，可达到杀灭其体表及鳃的病原体。具有用药量少、成本低、方法简便和毒副作用小等优点，缺点是杀灭病原体不彻底，不易掌握其药物浓度。

5. 涂抹法

该法主要是在长吻鮠体表病灶部或受损处涂抹较浓的药液以杀灭病原体。此法适用亲鱼检查、人工繁殖，以及成鱼转池、运输过程中造成的机械损伤后的预防感染。此法具有用药量少、方便、安全和副作用小的优点，缺点是长吻鮠个体需较大，使用范围小，药液易流入鳃、眼等发生危险。

6. 注射法

该法主要用于长吻鮠亲鱼催产后注射药物以防治疾病。常用药有青霉素等抗生素类药物和鱼蚌康复剂等，主要通过胸鳍、肌肉注射。此法具有进入药量准确，且吸收快，疗效好，缺点是容易造成二次损伤，应用范围仅亲鱼及急需注射药物的大个体。

第五节　鱼病防治注意事项

一、坚持"预防为主，防重于治"

长吻鮠养殖过程中疾病的防治必须坚持以"预防为主，防重于治"的原则。养殖过程中积极清塘消毒、合理投饵、调节水质，定期防病、科学管理等，这样可以避免或控制鱼病的发生。

二、及时掌握鱼病治疗的时间

长吻鮠养殖过程中，如养殖水体变坏，鱼群吃食减少，少数离群独游，体色发生变化等，这些信号就是鱼病爆发的初期。有些养殖户的鱼病预防意识不强，鱼发生异常时没有引起重视，没有及时采取预防和治疗措施，鱼病便由潜伏期迅速发展到爆发期，大部分鱼会被相继感染，并开始发生死鱼，此时使用药物进行治疗将达不到理想的治疗效果。因此在长吻鮠养殖过程中经常巡塘，仔细观察鱼的活动与水体的变化情况，一旦出现异常应及时采取防治措施，控制和避免鱼病的爆发。

三、药物的正确选择

长吻鮠养殖过程中，一旦鱼病发生，首先应根据病鱼的外部症状、内脏解剖症状和养殖环境综合分析诊断确定鱼病种类。不能在没有明确病因和病原体情况下乱用鱼药治疗，不能将防治寄生虫疾病、细菌性疾病和病毒性疾病的鱼药混淆使用，造成药不对症，达不到治疗效果。同时，要明确不同鱼药针对治疗寄生虫的种类，要分清内服和外用的鱼药，应该根据鱼病种类严格选择相应的鱼药进行防治。此外，不能选择劣质、过期或临近保质期的

鱼药。

四、药物的正确使用

给长吻鮠养殖池等遍洒药物时，不能留下池塘等的边角等区域，应全池均匀泼洒，使用内服药时应与饲料充分拌匀后投喂，投喂时保证大部分鱼能吃到，采用注射法和涂抹法时也应防止病鱼漏网，做到用药均匀。

遍洒鱼药时一般选择在晴天，于上风口泼洒，时间最好在上午10:00 或下午17:00，施药后应观察2小时以上，做到施药时间合理。

准确计算养殖水体体积和称量病鱼体重，严格按照鱼药使用剂量取药，使鱼病治疗达到理想效果。若用药不足，达不到治疗效果。剂量过大不仅造成死鱼，还会增强鱼的耐药性。同时药物的使用时间要够，杀虫药一般连续使用2~3次，间隔2~3天后再使用消毒杀菌药物，一般连续使用2~3天，内服药一般可以连续拌饲料投喂3~5天，使用时间不宜太长，主要是起预防作用，做到药物剂量准确足量使用。

不能随意搭配鱼药使用，乱混合鱼药可能使药物间发生化学反应，导致鱼药失效或变成剧毒物。如敌百虫在遇到碱性药物时会产生敌敌畏等剧毒物，高碘酸钠溶液不能与强碱性药物混用，含氯石灰不能与酸、铵盐、硫磺和许多有机物混用，硫代硫酸钠粉不能与强酸性药物混用，硫酸铝粉不能与碱性物质混用，做到合理搭配使用鱼药。

药液盛装最好采用塑料或木质容器，高碘酸钠溶液不能用金属容器盛装，三氯异氰脲酸钠粉不能用金属容器盛装，晶体敌百虫不能用金属容器盛装。药物贮存地点应干燥通风，各类药物最好独立存放不要混存。

五、中草药的正确加工方法

因为化学类渔药的成分单一，所以一般可直接使用于养殖水体。但中草药类渔药是由多味药配合组成，如果直接投入水体或投喂，就可能出现效果不佳甚至无效的情况，故使用前必须采取原药粉碎或切碎煎熬，或者对鲜药打浆或榨汁使用。使用干中草药还要进行泡制，具体方法有开水浸泡和煎煮两种方法。

长吻鮠属于无鳞鱼，在用药时一定要仔细阅读药物的使用说明，并且在剂量使用上必须谨慎。准确诊断鱼病的种类，选择正确治病药物，掌握好施药时间，选择合理的给药方法途径并且正确使用将会使鱼病防治达到理想效果，同时也为长吻鮠高产高效养殖提供保障。

第六节　容易混淆鱼病的简易鉴别方法

长吻鮠养殖过程中目前流行较广、危害较大的常见鱼病有十几种。在常见鱼病中，往往有一些外部特征相似但不是同一种鱼病，如不认真地观察、综合分析，容易混淆，在缺乏诊断仪器和设备的条件下难以确诊，难以做到对症下药，从而导致长吻鮠鱼病爆发时束手无策，往往由于没有及时有效地治疗而造成较大的损失。根据我们多年从事长吻鮠养殖鱼病防治的实际情况，现将外部症状相似，容易混淆的鱼病的简易鉴别方法做一个介绍，希望能对养殖生产有所帮助。

一、体表呈白色症状

主要有小瓜虫病、白皮病、黏孢子虫病、微孢子虫病和水霉病容易混淆。

1. 相似症状

病鱼体表都有白色症状。

2. 主要区别

小瓜虫病：仔细观察病鱼有白色的点状囊泡，白点间有充血的红斑，体表、鳍条或鳃部布满带有白色小点的囊泡，在肉眼或显微镜下观察有小瓜虫游动。病鱼死后 2~3 小时，白色点状囊泡脱离鱼体。

微孢子虫病：病鱼症状像小瓜虫病，但是微孢子虫病病鱼死亡 2~3 小时后白色点状物不脱离鱼体。

黏孢子虫病：病鱼体表的白色小点为大小、形状不一的灰白色孢囊而不是小点状囊泡。

白皮病：病鱼白点只出现在背鳍基部或尾柄处，病情发展也只是白点本身的扩大，最后呈现为以背鳍为界的整个后部皮肤的白色，在水面多以头朝下尾朝天的状态。

水霉病：病鱼体表长有如棉絮状菌丝，在清水里很容易观察到，拿出水后一层白色膜附于体表，长水霉处一般伴有损伤。

二、白头白嘴症状

主要有细菌性白头白嘴病和车轮虫病容易混淆。

1. 相似症状

病鱼都有白头、白嘴症状，主要发病期为幼鱼和鱼种阶段。

2. 主要区别

白头白嘴病：病鱼表现为头顶和嘴的周围发白，严重情况下吻端皮肤因感染腐烂。

车轮虫病：病鱼除头部和嘴部呈白色外，鳍条、体表均表现出一层白翳，若车轮虫较多时病鱼会还成群绕池狂游，取病灶皮肤、鳃丝或鳍条在显微镜下能看到车轮虫。

三、烂鳃症状

主要有鳃霉病、细菌性烂鳃病与寄生虫性烂鳃病容易混淆。

1. 相似症状

病鱼都有鳃上黏液增多，鳃丝肿胀，鳃丝变色，严重时鳃丝末端缺损，软骨外露，体色发黑症状。

2. 主要区别

鳃霉病：病鱼被鳃霉菌寄生鳃丝，引起鳃丝发炎、肿大和变色，鳃颜色比正常鱼的白，并略带有红色小点。

细菌性烂鳃病：鳃丝腐烂发白并带黄色，鳃丝末端缺损，软骨外露，鳃盖内表皮组织发炎充血，严重时鳃盖形成"天窗"，且病鱼鳃上一般粘有污泥等杂物。

寄生虫性烂鳃病：通过肉眼或显微镜对鳃进行观察，若寄生虫数量较大时可能会造成寄生虫性烂鳃病，常见的有锚头蚤和车轮虫等寄生虫。

四、肠道充血和出血症状

主要有细菌性肠炎和病毒性肠炎鱼病容易混淆。

1. 相似症状

病鱼都有肠道呈红色充血症状。

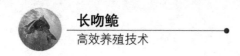

2. 主要区别

病毒性肠炎疾病：病鱼肠壁组织完整，肠粘膜一般不腐烂脱落，但兼有口腔、肌肉、鳃盖、鳍条等充血。

细菌性肠炎疾病：病鱼口腔、肌肉不充血，但肠道粘膜往往溃烂发炎，有较多的黄色腹水。

五、体表、鳍条充血、溃烂症状

主要有打印病，锚头蚤病和细菌性败血症病容易混淆。

1. 相似症状

病鱼都有体表、鳍条充血、溃烂症状。

2. 主要区别

细菌性败血症病：病鱼各鳍条基部充血，口腔、颌部、鳃盖充血或腐烂，眼眶突出并充血。

打印病：病鱼在尾柄或腹部两侧有指印状红斑，肌肉由外向内腐烂。

锚头蚤病：病鱼在锚头蚤寄生的部位发炎红肿，严重时有肌肉溃烂，肉眼观察红肿部位有针状虫体。

六、浮于水面症状

主要有气泡病、缺氧和萎瘪病容易混淆。

1. 相似症状

病鱼都有浮于水面的症状。

2. 主要区别

气泡病：病鱼因水体中溶解氧过饱和导致在鱼体表或幼鱼误食在消化道形成气泡，病鱼无法下沉，主要发生在水花培养和幼苗阶段。

缺氧：这种症状时常发生于夜间至清晨，或闷热无风、雷雨等天气情况下，采取增氧措施后浮于水面的鱼下沉，浮头症状很快消失。

萎瘪病：因营养或其他因素导致的鱼体干瘪、枯瘦、头大尾小、背部干瘪很薄、活动迟缓、体色发黑、散乱漂浮于水面，受到惊吓病鱼缓慢下潜，不久后又浮于水面，反复如此。

七、短时间大量死亡

主要有泛塘和中毒容易混淆。

1. 相似症状

鱼都是在短时间内突然大量死亡。

2. 主要区别

泛塘：主要是发生于夜间至清晨，或闷热无风、雷雨等天气情况下，因养殖水体溶解氧含量很低导致鱼缺氧窒息大量死亡。严重缺氧时鱼头朝岸边，呈现奄奄一息状，随后陆续死亡。在长吻鮠主养池中由于长吻鮠耗氧较高，长吻鮠很快缺氧死亡。泛塘死亡的鱼类一般鱼嘴为张开状，颜色变淡、发白。

中毒：中毒则是全塘或塘的某一区域，所有鱼类上浮水面，全身强烈颤动、痉挛和阵发性冲撞，随后失去平衡、仰游、打旋或滚动，慢慢沉入水底，呼吸衰竭而死。若是急性中毒死亡时间很短暂。中毒死亡鱼体的颜色基本不变，能在养殖水体中闻到药味，或通过水质检测分析到毒药成分。

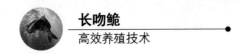

第七节　长吻鮠鱼病实例

长吻鮠又名江团、肥沱，在四川省农业科学院水产研究所通过移养驯化，并人工繁殖成功以来，已在四川、重庆、广东、贵州、云南等全国各地大量开展池塘和高密度集约化养殖。随着养殖面积的扩大，饲养密度的增加，其疾病越来越多，病害防治难度较大。同时，因长吻鮠为无鳞鱼，对药物比较敏感，故在鱼病防治中用药时特别小心，要正确诊断病种，准确计算面积与剂量。我们在长吻脆的养殖过程中，发现其较易感染小瓜虫病、车轮虫病、锚头蚤病、鱼鲺病、气泡病、肠炎病、烂鳃病、水霉病、烂尾病、烂皮病、细菌性败血症病和营养性疾病等疾病。现将对长吻鮠养殖过程中这些常见疾病的症状、防治方法做简单介绍。

一、小瓜虫病

1. 病原体与症状

病原体：小瓜虫病的病原体是多子小瓜虫。主要危害长吻鮠幼苗和鱼种阶段，成鱼阶段也有感染。流行于6—8月，一般在养殖密度过大、水质较差、连续阴雨的天气情况下容易患此病。

典型症状：仔细观察病鱼有白色的点状囊泡，主要集中在体表、鳍条和鳃部布满带有白色小点的囊泡，寄生于鳃上时，鳃丝发炎伴有出血现象，鳃呈暗红色，在肉眼或显微镜下观察有小瓜虫游动（图6.1）。病鱼死后2~3小时，白色点状囊泡脱离鱼体。长吻鮠患病后常表现为烦躁、反应迟钝、食欲减退和离群独游，最终鱼体消瘦死亡。因此，在此病流行季节要加强巡塘检查，及时发现，及时治疗。

2. 防治措施

预防措施：用于苗种培育和养殖的池塘，一般用生石灰 150 ~ 200 千克/亩彻底消毒清塘；适时注入新水更换养殖水体，保持水体水质良好；及时分池调整养殖密度，控制适宜的养殖密度；疾病流行季节做到早发现早治疗。

治疗措施：用达到 25 ~ 30 毫升/米³ 水体浓度的福尔马林溶液进行全池泼洒，连续用药 2 天，可以杀灭小瓜虫幼体。可用小瓜克星 5 ~ 10 克用 60℃ 温水冲泡冷却后，拌入 1 千克饲料投喂，每天一次，连用 5 ~ 7 天。可用青蒿末（水产用）6 ~ 8 克拌入 1 千克饲料投喂，每天一次，连用 5 ~ 7 天。可用苦参末（原虫净）4 ~ 5 克拌入 1 千克饲料投喂，每天 1 ~ 2 次，连用 3 ~ 4 天。通过降低养殖池水位，升高水温，有一定效果。小瓜虫病一旦大量发生，很难治疗，发病早期及时用药治疗效果较好。

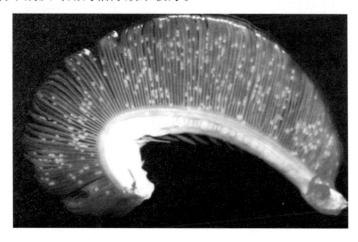

图 6.1　长吻鮠小瓜虫病（寄生于鳃上）

二、车轮虫病

1. 病原体与症状

病原体：车轮虫病的病原体是车轮虫。主要危害长吻鮠幼苗和鱼种阶段，成鱼阶段也有感染。车轮虫病全年均有发生，一般是水质较差，连续阴雨天等情况下容易患病，在水花下池后苗种培育期的15～20天最容易患此病。

典型症状：病鱼除头部和嘴部呈白色外，鳍条、体表均表现出一层白翳，若车轮虫较多时病鱼还会成群绕池狂游，严重时鳃丝发白，部分鳍条腐烂，鱼体消瘦发黑。取病灶皮肤、鳃丝或鳍条在显微镜下能看到车轮虫。

2. 防治措施

预防措施：一般用150～200千克/亩的生石灰对苗种培育和养殖的池塘彻底消毒清塘；适时注入新水更换养殖水体，保持水体水质良好；及时分池调整养殖密度，控制适宜的养殖密度；疾病流行季节做到早发现早治疗。

治疗措施：用硫酸铜、硫酸亚铁合剂（5:2）以0.2～0.25克/米³水体浓度，全池泼洒，连用3天。可用驱虫散（水产用）4克拌入1千克饲料投喂，每天2次，连用5～7天。可用雷丸槟榔散（鱼虫克）6～10克拌入1千克饲料投喂，隔日1次，连用2～3次。可用苦参末（原虫净）2～3克拌入1千克饲料投喂，每天1～2次，连用1～2天。

三、锚头蚤病

1. 病原体与症状

病原体：锚头蚤病的病原体是锚头蚤。主要危害长吻鮠幼鱼、鱼种和成鱼。锚头蚤病全年均有发生，一般水质较差，养殖水水源为江河水容易患此病。

典型症状：病鱼体表等能肉眼看见锚头蚤头部钻入病鱼的皮肤里，后半部露在鱼体外。在锚头蚤寄生的部位发炎红肿，严重时有肌肉溃烂，肉眼观察红肿部位有针状虫体（图 6.2 至图 6.5）。当严重感染时，鱼体上像披着蓑衣，故又称其为"蓑衣病"。鱼体发病后，烦躁不安，食欲减退，后期身体较为消瘦。幼鱼主要寄生在体表和鳍条，鱼种和成鱼还会寄生在口腔、鳃腔和鳃上。

2. 防治措施

预防措施：一般用 150～200 千克/亩的生石灰对苗种培育和养殖的池塘彻底消毒清塘杀死病原体；适时注入新水更换养殖水体，保持水体水质良好；疾病流行季节做到早发现早治疗。

治疗措施：可用 0.2～0.25 克/米³ 水体浓度的 90% 晶体敌百虫全池泼洒，连用 3 天。可用锚头蚤克 0.05～0.07 毫克/米³ 水体浓度全池泼洒，连用 4～5 天。可用驱虫散（水产用）4 克拌入 1 千克饲料投喂，每天 2 次，连用 5～7 天。可用雷丸槟榔散（鱼虫克）6～10 克拌入 1 千克饲料投喂，隔日 1 次，连用 2～3 次。

图 6.2 长吻鮠锚头蚤病（寄生于体表）

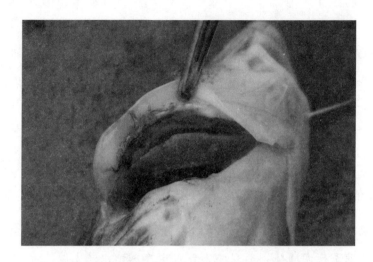

图 6.3 长吻鮠锚头蚤病（寄生于鳃腔和鳃）

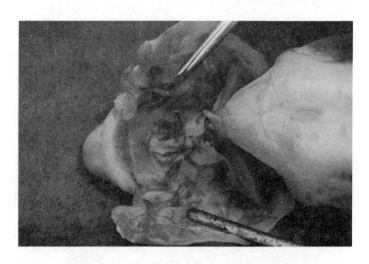

图 6.4 长吻鮠锚头蚤病（寄生于口腔壁）

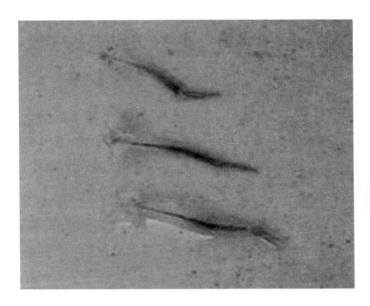

图 6.5　锚头蚤

四、鱼鲺病

1. 病原体与症状

病原体：鱼鲺病病原体主要是日本鲺。主要危害成鱼、亲鱼，四季均有发生，流行于 6—8 月。

典型症状：用肉眼可观察到病鱼的体表、鳍条、鳃等位置均可见鱼鲺。虫体较大，扁平状，可以牢牢地吸附在鱼的体表上，吸食鱼血并分泌毒液使病鱼极度不安，在水中狂游，食欲减退，鱼体消瘦。鱼鲺的口和大额刺伤鱼的皮肤，致病菌乘机侵入体内，造成体表溃烂，导致死亡。鱼鲺可以在鱼体上滑行，也可以短时间游动，能从一条鱼转移到另一条鱼身上。

2. 防治措施

预防措施：一般用 150 ~ 200 千克/亩的生石灰对苗种培育和养殖的池塘彻底清塘消毒，杀灭病原生物。鱼池及时排污或灌注新水，保持水质清新。

治疗措施：可用 0.2 ~ 0.25 克/米³ 水体浓度的 90% 晶体敌百虫全池泼洒，连用 3 天。可用锚头蚤克 0.05 ~ 0.07 毫升/米³ 水体浓度全池泼洒，连用 4 ~ 5 天。可用 0.025 ~ 0.03 毫升/米³ 水体浓度的氰戊菊酯溶液（水产用）（商品名：杀虫威）全池泼洒，病情较轻使用 1 次，病情严重的可隔日重复全池泼洒 1 次。

五、气泡病

1. 病原体与症状

病原体：气泡病的病原体主要是养殖水体中溶解氧气一种或其他几种气体过饱和所致。主要危害长吻鮠鱼苗阶段，水花培养初期阶段最容易患此病。夏季为该病主要流行季节。

典型症状：病鱼因水中溶解氧等达到饱和或过饱和状态，气体以小气泡形式吸附在水草或池壁上，因饵料不足或投饵过迟，鱼苗误食气泡进入肠道出现气泡，身体膨胀，使鱼体上浮；或在体表、鳃上附着着许多小气泡，使失去游动平衡仰浮在水面上，严重时很容易大量死亡。

2. 防治措施

预防措施：若养殖用水为地下水则应提前将地下水充分曝气。夏季高温季节若养殖水体中浮游生物过多，应用药物杀灭部分浮游生物。鱼苗培育前期阶段，高温天气时可每 1 ~ 2 天注入 1 次新水。

治疗措施：病情较轻时注入新水改善气体过饱和状态。可用 4～6 克/米³ 水体浓度的食盐全池均匀泼洒，一般在数小时后便可见效果。

六、肠炎病

1. 病原体与症状

病原体：肠炎病的病原体是点状气单包菌。主要危害鱼种、成鱼和亲鱼，流行于 4—10 月。

典型症状：病鱼腹部肿大，肛门红肿外凸（图 6.6），轻压腹部有黄色液体和脓血流出，解剖可见腹腔有黏液或黄色腹水，肠壁充血发炎，肠道内无食物。病鱼食欲减退，离群独游。

2. 防治措施

预防措施：一般用 150～200 千克/亩的生石灰对苗种培育和养殖的池塘彻底清塘消毒。不投喂过期变质的饲料，投喂具有质量保证的新鲜饲料。对未吃食完的残饵应及时清除；对食场或饵料台应经常清洗消毒。可用氟苯尼考粉（水产用）1～2 克拌入 1 千克饲料投喂，每天 1 次，连用 1～2 天。可用 0.1 毫升/米³ 水体浓度的复合碘溶液（水产用）全池泼洒，每天 1 次，连用 1～2 天。

治疗措施：采取全池泼洒外用消毒和内服杀菌的措施。可用 0.2～0.25 克/米³ 水体浓度的强氯精全池泼洒，连用 3 天。可用氟苯尼考粉（水产用）2～3 克拌入 1 千克饲料投喂，每天 1 次，连用 3～5 天。可用诺氟沙星、盐酸小檗碱预混剂（水产用）0.15～0.2 克拌入 1 千克饲料投喂，每天 1 次，连用 3 天，不能与甲砜霉素、氟苯尼考等有颉作用的渔药共用。可用烟酸恩诺沙星（水产用）0.2～0.4 克拌入 1 千克饲料投喂，每天 1 次，连用 5～7 天。可用蒲甘散

（水产用）6 克拌入 1 千克饲料投喂，每天 1 次，连用 3~5 天。

图 6.6　长吻鮠肠炎病（肛门红肿外凸）

七、细菌性烂鳃病

1. 病原体与症状

病原体：细菌性烂鳃病的病原体是鱼害粘球菌。主要危害成鱼、亲鱼及鱼种，流行于 4—10 月。

典型症状：病鱼鳃丝变灰白色或白色，鳃丝肿胀腐烂，末端软骨外露，鳃小片坏死脱落（图 6.7），鳃丝边缘附着大量黏液或污泥，体色变黑，行动迟缓，食欲减退甚至不吃食。严重时病鱼鳃盖内表皮出现充血，中间部分的内膜常被腐蚀成圆形或不规则的透明小窗（图 6.8）。

2. 防治措施

预防措施：一般用 150~200 千克/亩的生石灰对苗种培育和养殖的池塘

彻底清塘消毒。养殖期间用水质改良剂对养殖水体水质进行改善，使水质处于良好状态。可用0.1~0.15毫升/米³水体浓度的腐皮烂鳃灵全池泼洒，连用1~2天。可用0.03~0.04毫升/米³水体浓度的止血烂鳃灵（主要成分苯扎溴铵）全池泼洒，每15天1次。

治疗措施：可用0.2~0.25克/米³水体浓度的强氯精全池泼洒，连用3天。可用赤皮烂鳃灵2克拌入1千克饲料投喂，每天1次，连用2天；也可以20~30克/米³水体浓度全池泼洒，连用2天，内服和外用相结合效果较佳。可用出血烂鳃灵（主要成分盐酸多西环素粉）5克拌入1千克饲料投喂，每天1次，连用3~5天。可用0.07~0.11毫升/米³水体浓度的硫菌灵（主要成分二硫氰基甲烷）全池泼洒，每天1次，连用2~3天。可用0.15克/米³水体浓度的急性烂鳃灵（主要成分亚硫酸氢钠甲萘醌）全池泼洒，每天1次，连用1~2天；也可以用该药2克拌入1千克饲料投喂，每天1次，连用3~5天。可用烂鳃疥疮散10克拌入1千克饲料投喂，每天1次，连用5~7天，用温水浸泡后以0.3~0.6克/米³浓度的烂鳃疥疮散全池泼洒，每天1次，连用3~4天。

图6.7　细菌性烂鳃病（鳃丝灰白色，鳃丝坏死脱落）

图 6.8 长吻鮠细菌性烂鳃病（鳃盖开启天窗）

八、水霉病

1. 病原体与症状

病原体：水霉病的病原体是水霉菌。主要危害长吻鮠鱼种、成鱼和亲鱼，在长吻鮠人工繁殖期鱼卵孵化时坏死鱼卵很容易感染水霉菌。全年均有发生，主要流行于冬春气温较低的季节。

典型症状：水温较低的季节在捕捞、放养时操作不慎将鱼体损伤，或运输时鱼体拥挤在一起，擦伤而引起感染水霉菌。一旦染上水霉病，在受损处长出菌丝，菌丝呈灰白色，柔软似棉絮状。在清水里很容易观察到，拿出水后一层白色膜附于体表，长水霉处一般伴有损伤。

2. 防治措施

预防措施：一般用 150～200 千克/亩的生石灰对苗种培育和养殖的池塘

彻底清塘消毒，减少此病发生。在捕捞、运输和放养过程中，尽量避免鱼体受伤。在放养前可用 8～10 毫升/米³ 水体浓度的高聚碘浸泡消毒鱼体 10 分钟预防水霉病发生。

治疗措施：可用 0.25～0.4 毫升/米³ 水体浓度的正海水霉净全池泼洒，每天 1 次，连用 3 天，本药品不能与肥皂及盐类消毒剂同时使用，也不能和强碱性物质混用。可用 0.15 毫升/米³ 水体浓度的中盛水霉净全池泼洒，每天 1 次，连用 3 天。可用 0.7 克/米³ 水体浓度的水霉净（主要成分为地榆精华素、渗透剂和表面活性剂）全池泼洒，每天 1 次，连用 2～3 天，苗种用量减半。可每 10 千克水用强力水霉净 2 克和康益达碘威 2 克对于病鱼进行浸泡，连续浸泡，每天换水换药一次，连用 2～3 次。可用 0.04～0.07 毫升/米³ 水体浓度的水霉净（主要成分为五倍子提取物、水杨酸醇）全池泼洒，每天 1 次，连用 2 天。

九、烂尾病

1. 病原体与症状

病原体：烂尾病病原体主要是细菌侵蚀。主要危害长吻鮠鱼种、成鱼和亲鱼。全年均有发生，主要是春夏季流行。一般养殖水体水质较差的环境容易患此病。

典型症状：病鱼尾柄皮肤发炎，严重者皮肤溃烂，肌肉露出红肿，尾鳍鳍条腐烂呈刷状，鳍条和尾柄坏死的病鱼失去游泳平衡，在水面头朝下尾朝天不停游动，游动缓慢、食欲减退，不久便死亡。

2. 防治措施

预防措施：一般用 150～200 千克/亩的生石灰对苗种培育和养殖的池塘

彻底清塘消毒，减少此病发生。在流行季节用水质改良剂每 15 天改善养殖水体水质 1 次，预防烂尾病发生。可用 0.3 ~ 0.5 克/米³ 水体浓度的溴氯海因粉全池泼洒，每 15 天 1 次预防烂尾病发生。

治疗措施：可用 0.2 ~ 0.25 克/米³ 水体浓度的强氯精全池泼洒，每天 1 次，连用 3 天。可用 0.15 ~ 0.2 毫升/米³ 水体浓度的聚维酮碘溶液全池泼洒，隔日重复施用 1 次，用 2 次。可用 0.3 ~ 0.5 克/米³ 水体浓度的溴氯海因粉全池泼洒，每天 1 次，连用 2 天。可用甲砜霉素散（水产用）（商品名：康血乐）7 克拌入 1 千克饲料投喂，每天 2 ~ 3 次，连用 3 ~ 5 天。可用青连白贯散（水产用）（商品名：克病灵）6.25 克拌入 1 千克饲料投喂，每天 1 次，连用 4 天以上。

十、烂皮病

1. 病原体与症状

病原体：烂皮病的病原体是点状气单胞菌点状亚种。主要危害长吻鮠鱼种、成鱼和亲鱼。发病季节多在 4—10 月，5—9 月为发病盛期。一般在养殖水体水质较差，转池后或运输后放养容易患此病。

典型症状：受伤鱼体在头顶、背鳍等基部及身体两侧皮肤充血发炎，出现灰白色溃烂斑块，体表失去光泽和黏液减少，随着病情的发展，病灶的直径逐渐扩大，病灶部位皮肤溃烂，露出肌肉，但肌肉不溃烂。病鱼常离群到水面独自漫游，食欲减退，终因衰竭而死亡（图 6.9 和图 6.10）。

2. 防治措施

预防措施：一般用 150 ~ 200 千克/亩的生石灰对苗种培育和养殖的池塘彻底清塘消毒，减少此病发生。放养长吻鮠要尽量做到体健灵活，无病无伤。

远途运输回来的鱼可在下池前用 5% ~ 10% 食盐溶液浸泡 10 ~ 20 分钟。养殖过程中每 15 天用水质改良剂调节改善水质。

治疗措施：可用 0.2 ~ 0.25 克/米^3 水体浓度的强氯精全池泼洒，每天 1 次，连用 3 天。可用 0.3 ~ 0.5 克/米^3 水体浓度的溴氯海因粉全池泼洒，每天 1 次，连用 2 天。可用 0.15 ~ 0.2 毫升/米^3 水体浓度的聚维酮碘溶液全池泼洒，隔日重复施用 1 次，用 2 次。可用 0.05 ~ 0.07 克/米^3 水体浓度的腐皮烂身灵全池泼洒鱼苗池，用 0.07 ~ 0.15 克/米^3 水体浓度的腐皮烂身灵全池泼洒成鱼池，每天 1 次，连用 3 天。可用青板黄柏散（水产用）6 克拌入 1 千克饲料投喂，每天 1 次，连用 3 ~ 5 天。可用蒲甘散（水产用）6 克拌入 1 千克饲料投喂，每天 1 次，连用 3 ~ 5 天。

图 6.9　长吻鮠烂皮病（背鳍和脂鳍基部溃烂）

图 6.10　长吻鮠烂皮病（腹鳍基部溃烂）

十一、细菌性败血症病

1. 病原体与症状

病原体：细菌性败血症病病原体是嗜水气单胞菌、温和气单胞菌、鲁克氏耶尔森氏菌等。主要危害长吻鮠苗种、鱼种、成鱼和亲鱼。全年均有发生，主要流行 5—9 月高温季节。一般是开春气温回升和高温时期容易爆发此病。此病是长吻鮠池塘养殖中危害最大、流行地区最广、发病率最高、经济损失最大的一种传染性疾病。

典型症状：病鱼各鳍条基部充血，口腔、颌部、鳃盖充血或腐烂，眼眶突出并充血。病鱼严重贫血，肝脏、脾脏、肾脏颜色变浅肿大，脾呈紫黑色，胆囊膨大有时呈棕黑色，肠系膜、腹膜及肠壁充血，肠内无食或末端尚有少量食物，体腔有黑红色脓液（图 6.11 至图 6.15）。病鱼离群独游，在水中打转乱窜，或静止水中不动，不久死亡。该病发生快，蔓延快，死亡快。

2. 防治措施

预防措施：一般用 150～200 千克/亩的生石灰对苗种培育和养殖的池塘

彻底清塘消毒，减少此病发生。定期更换或注入新水，用水质改良剂改善养殖水体的水质，时常保持水质优良。可用复合维生素 K_3 粉 0.5 ~ 1 克拌入 1 千克饲料投喂，长期间隔投喂。可用三黄散（水产用）1 ~ 2 克拌入 1 千克饲料投喂，长期间隔投喂。

治疗措施：可用 0.2 ~ 0.25 克/米³ 水体浓度的强氯精全池泼洒，每天 1 次，连用 3 天。可用 0.1 毫升/米³ 水体浓度的复合碘溶液（水产用）全池泼洒，每天 1 次，连用 1 ~ 2 天。可用 0.15 ~ 0.2 毫克/米³ 水体浓度的聚维酮碘溶液全池泼洒，隔日重复施用 1 次，用 2 次。可用 0.3 ~ 0.5 克/米³ 水体浓度的溴氯海因粉全池泼洒，每天 1 次，连用 2 天。可用氟苯尼考粉（水产用）2 ~ 3 克拌入 1 千克饲料投喂，每天 1 次，连用 3 ~ 5 天。可用诺氟沙星粉（水产用）3 ~ 4 克拌入 1 千克饲料投喂，每天 1 次，连用 3 ~ 5 天。可用青板黄柏散（水产用）6 克拌入 1 千克饲料投喂，每天 1 次，连用 3 ~ 5 天。可用青连散（水产用）（商品名：芳草鱼症康）2 克拌入 1 千克饲料投喂，每天 2 次，连用 5 ~ 7 天。

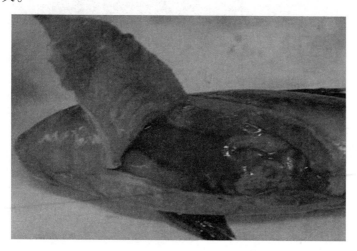

图 6.11　长吻鮠细菌性败血症病（内脏充血，体腔腹水）

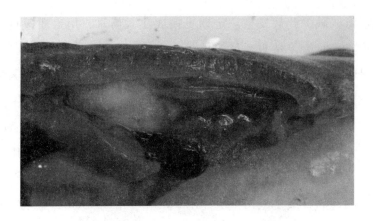

图 6.12　长吻鮠细菌性败血症病（肾肿大）

图 6.13　长吻鮠细菌性败血症病（内脏肿胀、出血）

图 6.14　长吻鮠细菌性败血症病（鳍条基部和尾部充血）

图 6.15　长吻鮠细菌性败血症病（全身充血）

十二、营养性疾病

1. 病因与症状

病因：营养性疾病是因长吻鮠体内各种营养素过多或过少，营养不平衡

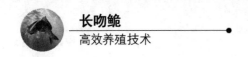

引起机体营养过剩、营养缺乏以及营养代谢异常而引起的疾病。主要危害鱼苗、鱼种、成鱼和亲鱼。全年都可能发生。

典型症状：由于摄入受病菌侵染而变质的饲料，病鱼将出现肝、胆肿大，肝黄色或黄褐色，胆黑，严重者体腔有腹水；由于摄入缺乏维生素和矿物质元素的饲料，病鱼将出现鳃丝苍白或粉红色，出现供氧不足，缺氧的贫血症状。由于摄入缺乏磷的饲料，病鱼头骨等将会出现软化而变形。由于摄入缺乏维生素 C 的饲料，病鱼脊椎变成"S"型，形成畸形。由于饵料不足或摄入缺乏必需维生素（例如：叶酸、维生素 E 等）的饲料，病鱼鱼体干瘪，枯瘦，头大体小背似刀刃，体色发黑。

2. 防治措施

预防措施：选用稳定性好、配比合理和营养全面的全价配合饲料。养殖过程中各个养殖阶段需要选用同阶段鱼相匹配的饲料。合理调节放养密度，加强饲养管理，投喂足量的饵料。

治疗措施：增强营养，保质保量投足饲料。拌饵投喂水产专用的保肝护肝药物。

第七章
苗种和成鱼运输

第一节　影响运输成活率的主要因素

鱼苗鱼种的运输方法是否得当，是直接决定鱼苗成活率的关键因素。鱼苗鱼种运输是一项技术性很强的工作，充分了解影响鱼苗鱼种运输成活率的因素和做好运输准备工作，是获得运输成功的重要环节。

一、影响鱼类运输成活率的主要因素

1. 溶氧

水中溶氧鱼类运输的密度和成活率决定于水的溶氧状况，而鱼类的耗氧量则与水的溶氧有密切的关系。要提高鱼类运输的成活率就必须一方面通过击水法、换水法或送氧法等方法来增加水中的溶氧量；另一方面尽量运输个体小的鱼。为了减少鱼类运输途中的耗氧量，可采用药物麻醉的方法来达到降低鱼苗鱼种的代谢强度和耗氧量。在不能换新水或缺乏其他增氧设备的情况下，鱼苗鱼种运输途中亦可采取化学增氧的方法来增加水中溶氧。常用的

氧化剂中以二硫酸盐的效果最好，它与水接触立即分解，放出氧气，其使用浓度为每升 1～50 毫克。

2. 水温

水温的影响有二：一是水温越高，水中的溶氧越少；二是水温越高，鱼的活动和能力和新陈代谢越强，则鱼的耗氧量越大。因此，应尽量选择水温低的秋、冬季节或者在晚上进行运输。而在水温高时运输，放冰降温也可提高鱼的运输成活率。

3. 水质

鱼在运输途中，产生的死鱼、排泄物等，易变质，增加耗氧量，而败坏水质。此外，鱼类呼吸排出的二氧化碳，也是恶化水质的重要因素。这些都将影响鱼苗鱼种的成活率，因此必须适当地调换新水。

二、运输方式

目前长吻鮠鱼苗鱼种的运输，有陆运（汽车、火车）和空运（飞机）等。

1. 塑料氧气袋运输法（图 7.1）

这种方法运输鱼苗或鱼种效果均很好，适合于陆运和空运。它具有体积小，重量轻，携带方便，装运密度大，成活率高等优点。装用的方法是：① 检查袋子是否漏气。② 往袋内加水至袋内 1/3 处。③ 装入适量的苗种。④ 排出袋中空气。⑤ 向袋内充足氧气。⑥ 把袋严密扎实。⑦ 将袋放人纸箱内，即可起运。

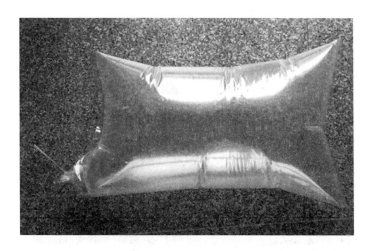

图 7.1　塑料氧气袋运输

2. 活水船运输法

一些水路方便的地方，可利用活水船运输鱼种，其特点是：装运量大，操作简便，耐运，成活率高。活水船的装运密度为每吨水装 13.2 厘米长吻鮠苗种 3 000～5 000 尾，10 厘米鱼种 6 000 尾。

活水船设有 2～3 个活水孔，船的两侧设有直径为 1.5～1.65 厘米的孔 20 个左右，头与隔板上有孔 10 个左右，孔上均遮有竹帘与网布，行驶时，船头孔进水，由两侧孔流出。

3. 活鱼罐车运输法（图 7.2）

活鱼箱可按汽车车箱大小设计，直接安装在汽车上，并具增氧设备，动力来源于汽车发动机或电瓶或专配的柴油机（或发电机），成为运输活鱼专用车；也可临时装在汽车上。

图 7.2   活鱼罐车运输

三、运输前的准备和途中的管理

1. 运输前的准备

要制订周密的计划，做好物资、经费、人力的安排和准备工作。

① 了解运输路线，作好运转衔接的准备工作，组织好运输人员。

② 配齐运输工具，严格责任管理。

③ 及时做好鱼苗、鱼种的拉网锻炼和数量的计数工作，以备随时起运。

2. 运输途中的管理

是指从苗种起运开始至到达目的地的整个管理工作。管理工作的好坏，是苗种运输成败的关键，因此整个运输过程中，各项工作必须环环扣紧，认真做好。

① 起运时间最好在清晨或晚间进行，这时气温低，鱼活动能力小，不易

受伤。

② 起运后，途中要经常观察鱼的活动状况，发现问题，要及时采取措施加以解决。

③ 病鱼、死鱼要及时清除。如长途运输、天气暖和，则还需吸去底部沉积的污物。

④ 有条件的地主，鱼苗、鱼种到达目的地后，可先放入清新水中暂养1～2天，然后再重新计数分养。

⑤ 鱼苗、鱼种的运输应以"快装、快运、快下塘"为原则。

第二节　苗种的运输

一、优质苗种的判断

体色灰黑，大小均匀，游动活泼，体表光滑无粘着物，畸形苗的比例在5％以下。优质的长吻鮠小规格鱼种的特征是体短粗、健壮、体色深黑，个体大小基本一致，在培育池内集群性强，在白瓷盆里溯水性强，体表光洁，无任何寄生物。应当指出，长吻鮠体已出现灰、黑相间的斑纹，这是生长发育过程中的自然现象，不是病苗的标志。察看培育池，未见离群独游的个体，也没有头朝上、尾下垂或打转的鱼，更无死鱼存在便可放心运输。

依据长吻鮠苗种生长规律，5—6月繁殖出来的鱼苗培育至7月一般应达到5～8厘米的长度，8月应达到8～10厘米，9月可达12～18厘米，10月达到13～20厘米体重30～100克，如果达不到这种标准的鱼种就不能算是优质鱼种。此外，鱼种身上的斑纹会随其长大逐渐模糊并演变成不规则的斑块，皮肤光洁无赘物，膘肥体壮，窜跳有力，也是优质鱼种的标志。

二、做好鱼苗运输准备

1. 制定详尽的运鱼计划

在鱼苗运输前，尤其是长距离运输，事先要制订详尽的运输计划，包括运输容器、交通工具、人员组织以及中途换水等事项。

2. 选择适宜的运鱼用水

运输鱼苗的用水，必须是无污染、水质清新的河水、池水或水库水，如采用自来水，可适当除氯后再使用。运输中的水温与原水体中的水温，温差不得超过1℃。

3. 鱼苗要适时停食并拉网锻炼

对要起运的鱼苗，要求选择体质健壮、无病无伤的鱼苗，严格用筛子筛好鱼种。提前1~3天养在新水中，在装运前两天停止喂食，使其体内的粪便排净？另外，混养的鱼苗此时要分开饲养，以方便装运。有条件的最好运输前一天进行拉网密集锻炼，加快鱼苗粪便的排泄和增强鱼苗的抗应激能力。

三、掌握鱼苗运输时机

鱼苗在低温时吃食少、耗氧低，且温度越低，水中溶氧越多，因此在温度低时运输鱼苗成活率高。实践证明，水温在15~20℃时运输鱼苗最好。如必须在冬季运鱼苗，一定要注意保暖，水温过低，会使鱼苗冻伤。最好避开高温季节、晴天光照强烈的中午运输；阴雨天气和凌晨易出现严重缺氧浮头，这一时段也应避开运输。

四、运输方法

短距离运输是指运输时间在 2 小时以内的鱼苗运输，可以用塑料桶、塑料袋等器物运输；长距离运输一般运输时间在 10 小时左右或更长时间，可使用塑料袋充氧运输或活鱼运输车运输。

目前，最广泛使用的包装材料有双层塑料鱼苗袋、帆布鱼篓及塑料桶、纸箱、泡沫箱等，运输工具多为汽车或飞机，较少船运。运载方法为充氧（苗种）或麻醉（成鱼）密封运输。

五、装运密度

常规塑料鱼苗袋（70 厘米 × 40 厘米或 90 厘米 × 50 厘米）可装载 6 ~ 7日龄的水花鱼苗 5 000 ~ 6 000 尾，或 5 厘米长的鱼种 100 ~ 150 尾。这样的装运密度通常可确保在 10 ~ 15 小时之内安全运抵目的地，成活率多至 90% 以上。超过 5 厘米这一长度规格时不能再用鱼苗袋装运，因为鱼的鳍棘比较坚硬，能刺破两层，甚至三层鱼苗袋，漏水逸氧难免发生。

六、注意事项

1. 选袋

选取 70 厘米 × 40 厘米或 90 厘米 × 50 厘米的塑料袋，检查是否漏气。将袋口敞开，由上往下一甩，并迅速捏紧袋口，使空气留在袋中呈鼓胀状态，然后用另一只手压袋，看有无漏气的地方。

2. 注水

注水要适中，一般每袋注水 1/4 ~ 1/3。以塑料袋躺放时，鱼苗能自由游

动为好。注水时，可在装水塑料袋外再套 1 只塑料袋，以防万一。

3. 放鱼

按计算好的装鱼量，将鱼苗轻快地装入袋中，鱼苗宜带水一批批地装入。

4. 充氧

把塑料袋压瘪，排尽空气，然后缓慢装入氧气，至塑料袋鼓起略有弹性为宜。

5. 扎口

扎口要紧，防止水与氧气外流，一般先扎内袋口，再扎外袋口。

6. 装箱

扎紧袋口后，把袋子装入纸质箱或泡沫箱中，也可将塑料袋装入编织袋后放入箱中，置于阴凉处，防止曝晒和雨淋。

7. 起捕和装载

起捕和装载操作要轻柔、敏捷，尽量减少刺激鱼体，力求避免损伤鱼体。装运前必须囤养 3 ~ 4 小时，让鱼排净粪便，也能够排除许多黏液，使装鱼容器内的水体保持清爽。

8. 装鱼

装鱼时可向容器内加少量青霉素片。尽量选择早、晚或凉爽的天气运输。温度太高时，应加冰降温运输。

第三节　成鱼运输

一、运输方法

1. 水箱加水

装鱼前先要往运鱼的汽车水箱装水，所用水最好采用地下硬水，一般水箱加水 40～50 厘米深。夏天运输时，加地下井水后最好再加 1/5 左右原池塘水，以免使水箱水体和原池塘水体差异过大。装完鱼后要求水箱内水面基本上接近箱顶，这样可使汽车在运输过程中减少水体的来回晃荡，从而减少鱼体损伤。

2. 装鱼

装鱼操作时不要动作过大，以免鱼体受伤。长途运输时，一般要在运输前 1～2 天就要对所运输的鱼停止投饵，使消化道排空，避免在运输过程中污染水质。

3. 开增氧设施

装鱼过程中，如果装在水箱中的鱼有浮头情况，这时就要打开充氧开关。充氧量的大小，以保证水箱底部的塑料软管气孔都能均匀往外散发气泡为好。如果装鱼多时，可根据情况适当增大充氧量。装完鱼后，要把顶盖固定好。

4. 运输途中管理

运输途中主要检查充氧设施是否完好，现在大部分运输车都把氧气瓶的

压力表装在驾驶室内，如果一个氧气瓶没有氧气，就可及时发现，马上转换到另一个氧气瓶上。经常进行长途运输的一般都把多个氧气瓶连在一起，这样可以避免氧气管子在每个氧气瓶间多次转换。在进行长途运输时最好每隔3小时左右，到车顶上检查一下，以免出现其他意外情况。

二、装载量

由于成鱼运到市场上是直接出售的，所以装载量应根据需要，只要不影响市场出售，可尽最大限度装载；而鱼种运输主要是用于再养殖，所以鱼种运输不能像成鱼运输那样，不仅要保证运输的成活率，而且要保障放入新养殖水体后再养殖的成活率。这就要求运输最好在冬季和初春气温较低的季节，一般情况下，运输时间为2～3小时，每立方米水体可运鱼500～600千克；3～5小时，每立方米水体可运鱼400～500千克；5～7小时的，每立方米水体可运鱼300～400千克。

附　　录

附录1　长吻鮠养殖技术规范 亲鱼
（SC/T 1060—2002）

1. 范围

本标准规定了长吻鮠亲鱼的来源、外部形态、适宜繁殖年龄和允许繁殖最小体重。

本标准适用于进行人工繁殖长吻鮠的亲鱼。

2. 规范性引用文件

下列文件中的条款通过本标准的引用而成为本标准的条款。凡是注日期的引用文件其随后所有的修改单（不包括勘误的内容）或修订版均不适用于本标准，然而，鼓励根据本标准达成协议的各方研究是否可使用这些文件的最新版本。凡是不注日期的引用文件，其最新版本适用于本标准。

3. 来源

① 未经人工放养长吻鮠的江河、水库、湖荡等天然水域择优收集的成鱼培育成亲鱼。

② 天然苗种或符合 SC 1040－2000 规定的优良亲鱼的后代，经专门培育的亲鱼。

③ 严禁近亲繁殖的后代留作亲鱼。

4. 外部形态

外部形态符合 SC 1040 – 2000 的规定。

5. 繁殖年龄和体重

繁殖用亲鱼的适宜年龄与允许繁殖的最小体重见表1。

表 1　允许繁殖的年龄与体重

亲鱼性别	适宜年龄/龄	允许繁殖最小体重/千克
雌（♀）	4 ~ 10	2.33
雄（♂）	4 ~ 10	3.25

年龄主要依据胸鳍的年轮数鉴定。

附录2　长吻鮠养殖技术规范 人工繁殖
（DB51/T 738—2007）

1. 范围

本标准规定了长吻鮠（Leiocassis longirostris Günther）亲鱼培育、催情产卵、孵化管理。

本标准适用长吻鮠亲鱼的人工繁殖。

2. 规范性引用文件

下列文件中的条款通过本标准的引用而成为本标准的条款。凡是注日期的引用文件，其随后所有的修改单（不包括勘误的内容）或修订版均不适用于本标准，然而，鼓励根据本标准达成协议的各方研究

是否可使用这些文件的最新版本。凡是不注日期的引用文件，其最新版本适用于本标准。

GB 11607 中华人民共和国渔业水质标准

GB 13078 饲料卫生标准

GB/T 18407.4 农产品安全质量 无公害水产品产地环境要求

NY 5051 无公害食品 淡水养殖用水水质

NY 5071 无公害食品 渔用药物使用准则

NY 5072 无公害食品 渔用配合饲料安全限量

SC/T 1008—1994 池塘常规培育鱼苗鱼种技术规范

SC/T 1060—2002 长吻鮠养殖技术规范 亲鱼

《水产养殖质量安全管理规定》中华人民共和国农业部令第 31 号

3. 亲鱼培育

3.1 亲鱼要求

应符合 SC/T 1061—2002 的规定。

3.2 培育条件

3.2.1 培育环境

符合 GB/T 18407.4 的规定。

3.2.2 水源水质

符合 GB 11607 的规定。

3.2.3 培育池水质

符合 NY 5051 的规定，其中水体的溶氧≥5.0 毫克/升，pH 值 6.5～8.5，透明度≥30 厘米。

3.2.4 培育池

培育池适宜面积为 100～500 平方米长方形水泥池，微流水，水深 1.2～1.5 米；或用 600～2 000 平方米土池，长方形，水深 1.5～2.0 米，有独立进排水系统，池底平坦，淤泥厚度≤20 厘米。

3.3 亲鱼放养

3.3.1 池塘消毒

按 SC/T 1008—1994 规定执行，药物使用应符合 NY 5071 的规定。

3.3.2 放养密度

放养密度宜为微流水池每 100 平方米放 20～30 尾；土池每 100 平方米放 10 尾左右，并投放鲢、鳙鱼 2～3 尾。

3.3.3 雌雄配比

雌雄亲鱼以 2∶1 ~ 3∶1 搭配为宜。

3.4 饲养管理

3.4.1 饲料投喂

亲鱼饲料以泥鳅、蚯蚓等鲜活饵料为主，日投喂量按体重的 3% ~ 10%；辅投喂蛋白质含量为 42% ~ 45% 的配合饲料，日投喂量按体重的 1% ~ 2%，其安全要求符合 GB 13078 和 NY 5072 的规定。

3.4.2 水质调控

通常 3 ~ 5 天加注新水一次，每次注水量视季节、水质、天气掌握。饲养期间 20 ~ 30 天用生石灰溶水全池泼洒一次，用量为 15 ~ 20 克/米³。

3.4.3 日常管理

早晚巡池，观察亲鱼的摄食、活动、水质变化等情况，发现问题及时采取措施，按《水产养殖质量安全管理规定》做好记录。

3.4.4 病害防治

坚持预防为主，防治结合的原则，防治药物的使用按 NY 5071 的规定进行，并按《水产养殖质量安全管理规定》做好记录。

4. 催情产卵

4.1 催产期

在 4 月下旬至 5 月上旬进行催产（视亲鱼发育状况）。催产水温为 20 ~ 28℃，以 23 ~ 25℃ 为宜。

4.2 雌雄鉴别及选择

雌鱼生殖季节腹部明显膨大、柔软，卵巢轮廓明显，生殖孔宽而圆，色泽红润；成熟雄鱼生殖突尖而长，末端鲜红，一般不易挤出精液。

4.3 催产池

催产池以水泥底的小圆形或椭圆形池为宜。

4.4　催产药物及剂量

4.4.1　催产药物

常用的有鲤鱼垂体（PG），马来酸地欧酮（DOM）和鱼用促黄体释放激素类似物（LHRH－A）。催产药物以 PG 和 LHRH－A 混合使用效果为佳。

4.4.2　催产剂量

催产剂量以（PG2 毫克＋LHRH－A5 微克）／千克（雌亲鱼体重）或（DOM5 毫克＋LHRH－A5 微克）／千克（雌亲鱼体重），雄亲鱼减半。

4.5　注射方式

采用胸鳍基部注射，通常采用二次注射。二次注射时针距 10～12 小时，第一次注射为总剂量的 1/4～1/5，第二次注射余量。

4.6　效应时间

效应时间因亲鱼成熟度、水温、药物的种类和剂量不同而不同，23～25℃时，效应时间通常为 16～22 小时。

4.7　产卵受精

4.7.1　亲鱼配组

亲鱼经注射后，按雌雄比例 3∶1～5∶1 放入产卵池中，加大流水刺激，促其产卵。

4.7.2　人工授精

根据水温高低与亲鱼性腺成熟的程度，适时掌握时间进行人工授精。一般在注射催产剂后，按通常的效应时间，提前 2 小时开始观察，每隔 1 小时检查亲鱼发情情况。当轻压雌鱼腹部，生殖孔中有卵粒流出在水中不粘连时，即可进行人工授精。人工授精方法：采用取雄鱼精巢捣碎后获取精液，然后再用生理盐水稀释，与鱼卵混合加水搅拌 1～2 分钟，完成受精过程，使受精卵均匀黏附在着卵板上，置微流水孵化。

DB51/T 738—2007

4.8 产后亲鱼护理

产后亲鱼应放入专用培育池中加强培育。对受伤的亲鱼应进行药物治疗，轻度受伤的亲鱼可涂抹消炎药物，受伤较重的亲鱼还应注射抗菌素类药物。渔药的使用按 NY 5071 的规定执行。

5. 孵化管理

5.1 孵化用水

水质应符合 GB 11607 和 NY 5051 的规定，其中溶解氧≥6.0毫克/升。进入孵化设备的水应用 60 目网布过滤，保持水质清新，严防敌害生物进入。

5.2 人工孵化

一般在室内孵化槽或孵化池中进行。控制水温变化在 ±1℃ 为宜。微流水或增氧泵增氧孵化。

5.3 出膜时间

孵化水温 20～28℃，以（25±1）℃为宜，鱼苗出膜时间随水温的变化而定。水温与出膜时间的关系见表1。

表1 水温与出膜时间的关系

水温，℃	出膜时间，h
20～22	70～140
23～25	55～70
25～27	40～55

5.4 日常管理

注意观察检查孵化设施的良好情况，水质、水流情况；出膜期间应加强

孵化设施中的滤水设施的检查与清洗，保持滤水畅通，并做好值班记录发现问题及时解决。

5.5 出苗

已出膜的鱼苗待卵黄囊基本消失，处于水平游动，并开始摄食时，此时应及时出苗下塘投喂适口饵料，转入苗种培育。

附录3　长吻鲍养殖技术规范 苗种
（DB51/T 736—2007）

1. 范围

本标准规定了长吻鲍（Leiocassis longirostris Günther）苗种培育的环境条件、鱼苗和鱼种培育、病害防治技术。

本标准适用长吻鲍苗种的池塘培育。

2. 规范性引用文件

下列文件中的条款通过本标准的引用而成为本标准的条款。凡是注日期的引用文件，其随后所有的修改单（不包括勘误的内容）或修订版均不适用于本标准，然而，鼓励根据本标准达成协议的各方研究是否可使用这些文件的最新版本。凡是不注日期的引用文件，其最新版本适用于本标准。

GB 11607　中华人民共和国渔业水质标准

GB 13078　饲料卫生标准

NY 5051　无公害食品　淡水养殖用水水质

NY 5071　无公害食品　渔用药物使用准则

NY 5072　无公害食品　渔用配合饲料安全限量

SC/T 1061 - 2002　长吻鲍养殖技术规范　苗种

《水产养殖质量安全管理规定》中华人民共和国农业部令第 31 号

3. 环境条件

水质

水源水质应符合 GB 11607 的规定。

池塘水质应符合 NY 5051 的规定，其中溶氧≥5.0 毫克/升，pH 值 6.5 ~ 8.5，透明度≥35 厘米。

4. 池塘要求

鱼苗池：面积 30 ~ 100 平方米，水深 0.6 ~ 0.8 米的水泥池；鱼种水泥池：面积 100 ~ 200 平方米，水深 1.0 ~ 1.2 米；土池：面积 350 ~ 700 平方米，水深 1.2 ~ 1.4 米。要求池底池壁光滑、平整。

5. 鱼苗培育

5.1 鱼苗来源

符合 SC/T 1061 – 2002 规定，来源于经国家批准的种苗生产场，并经检疫合格。

5.2 培育池准备

鱼池要求除按 3.1、3.2 的规定外，应具微流水，进排水口用 80 目的网布过滤和拦鱼，消毒、洗净后注水放苗。

5.3 放养密度

投放开食后鱼苗密度：7 ~ 10 日龄仔鱼 200 ~ 300 尾/米^2。

5.4 培育方式

一是人工投饵培育；二是肥水培育。

5.5 饲养管理

5.5.1 饵料种类

有轮虫、枝角类、桡足类、摇蚊幼虫、水蚯蚓等多种鲜活饵料。饵料可在放养池中提前培育，或从其他水体中捕捞。

5.5.2 投喂方法

人工投饵培育在放苗当天或提前一天投放一定数量水蚤，水蚤用 40 目纱网过滤，用 3% 食盐水浸泡 10～15 分钟，每万尾鱼苗投喂 1～2 千克。肥水培育，视池中水蚤数量随时补投。3～5 天后，改投喂水蚯蚓，用 1% 食盐水浸泡 10～15 分钟，每天上、下午各投喂 1 次，其量以吃完为度。

5.5.3 水质调节

仔鱼下池初不冲水，投喂水蚯蚓后，由间断冲水变为微流水。

5.5.4 分级培育

培育到 20 天左右，分级筛选，分池、分规格培育；经 30 天左右培育，鱼苗长到 4～5 厘米，转入鱼种培育阶段。

6. 鱼种培育

6.1 鱼种来源

人工培育并结检疫合格的鱼种。

6.2 培育池准备

水泥池消毒、洗净后注水放苗；土池按 SC/T1008 的规定清塘，注水。

6.3 放养密度

4 000～5 000 尾/亩。

6.4 转食驯化

6.4.1 驯化时间

鱼种全长 5 厘米时，开始转食。

6.4.2 转食饲料

配制的专用软颗粒饲料或破碎料。

6.4.3 投喂方法

逐步定点、定时投喂，设饵料台；每天投喂 5~6 次，日投饵率 8%~12%。

6.4.4 饲养管理

6.4.4.1 饲料质量

符合 GB 13078 和 NY 5072 规定的专用鱼种料，饲料粗蛋白含量 ≥42%。

6.4.4.2 饲料投喂

定点、定时、定量投喂，每天投喂 2~3 次，日投饲率 3%~5%。

6.4.4.3 水质调节

定期加注新水，每 5~10 天注换水一次，透明度 ≤35 厘米时换水 30%~50%。食场及周围每 7~10 天用生石灰或漂白粉泼洒消毒，全池每 30 天用 15~20 克/米³ 水体生石灰溶液泼洒。

6.4.5 分级培育

培育到 30~40 天，分级筛选，分池、分规格培育。

7. 病害防治

7.1 预防

贯彻预防为主，防治结合的原则；鱼苗、鱼种放养时要严格进行检疫和消毒；池塘、工具应严格消毒；细致操作，避免创伤；保持良好的环境条件。

7.2 治疗

7.2.1 鱼药

鱼药的使用按 NY 5071 的规定执行。

7.2.2 常见病害及治疗方法

长吻鮠苗种常见病害及治疗方法见表 1，使用药物后按《水产养殖质量安全管理规定》填写"水产养殖用药的记录"。

表1　长吻鮠苗种常见病害及治疗方法

鱼病名称	症状	治疗方法
出血病	病鱼腹部两侧为桃红色，肌肉红色，腹部略肿胀；腔内充满黑红色脓水，肝、脾颜色变淡；部分鱼在水体中打转乱窜，不久死亡	1. $0.2\sim0.3$ 毫克/升的二氧化氯全池泼洒，连续 $2\sim3$ 天 2. 土霉素投喂，用量：$50\sim80$ 毫克/天·千克鱼体重，连续 $5\sim7$ 天
肠炎病	病鱼食欲明显减退至停食，胃肠无食物，肛门充血，发炎甚至糜烂；病鱼一般离群游上水面，不久死亡	1. 用 $0.2\sim0.3$ 毫克/升的二氧化氯全池泼洒，每天一次，连续 $2\sim3$ 天 2. 大黄拌饲投喂，每千克体重 $5\sim10$ 天，连用 $4\sim6$ 天
白皮病	发病初期病鱼尾部出现白点，并迅速蔓延，尾部呈白色，严重时头朝下，不能正常游动，不久死亡	聚维铜碘 0.3×10^{-6} 全池泼洒，每天 1 次，连用 $2\sim3$ 天
水霉病	病鱼体表出现白色棉花状菌丝体，像一个白色绒球	用3%小苏打加3%食盐配成溶液浸洗病鱼 $10\sim15$ 分钟
车轮虫病	病鱼消瘦，鱼体变黑，停食在池中离群旋游打转，镜检鱼体表和鳃	硫酸铜与硫酸亚铁合剂（$0.5+0.2$）毫克/升全池泼洒
小瓜虫病	病鱼体表、鳃部有很多白色点状囊泡	1. 用 0.4 毫克/升干辣椒粉与 0.15 毫克/升生姜片混合加水煮沸后泼洒 2. 用3.5%食盐浸泡 $5\sim10$ 分钟，转入新水培育

参考文献

邓晓川，张义云.1994.池养长吻鲩的生长特性及高产措施［J］.水产科技情报，21（6）：243－246.

丁瑞华.1994.四川鱼类志［M］.成都：四川科学技术出版社，455－457.

冯国明.2012.鱼病防治常用药的类型与投药禁忌［J］.渔业致富指南，16：60－62.

何利君.2000.鱼病的初步诊断方法［J］.四川畜牧兽医学院学报，14（1）：77－79.

黄明显，杜军，王超钖.1988.池养条件下长吻鲩苗种期的食性分析［J］.西南农业学报，（4），16－21.

黄泽钦.2010.网箱养殖长吻鲩实用技术［J］.福建农业，（4），27.

李法君，解延年.2009.症状相似鱼病的简易鉴别方法［J］.中国水产，1：55.

梁友光.2012.长吻鲩实用养殖技术［M］.北京：金盾出版社，14－25.

林易，凌志勇，华香，等.2006.长吻鲩苗种培育技巧［J］.内陆水产，（4），34.

刘小华，彭超，欧建华，等.2009.微流水池塘主养长吻鲩高产试验［J］.水生态学杂志，2（3）：139－141.

刘小平，何玉清，陆民.2008.长吻鲩高效混养技术［J］.河北渔业，（2），24－25.

罗银辉，张义云.1980.长吻鲩蓄养人工繁殖技术的研究［J］.淡水渔业，（4），5－9.

罗银辉，张义云.1988.长吻鲩成鱼养殖技术的初步研究［J］.淡水渔业，（4），35－38.

皮业林，卞建明，段传胜.2002.长吻鲩驯养及繁殖［J］.湖南农业科学.（1），39－40.

邵艾群.1999.长吻鲩常见疾病的防治［J］.内陆水产，12：27.

苏良栋.1993.长吻鮠常见鱼病的防治 [J].重庆师范学院学报，10（1）：58－61.

王洪臣，赵原野.2011.鱼病常规诊断的基本方法 [J].黑龙江水产，6：16－17.

吴江，张泽芸.1997.池塘养殖长吻鮠成鱼技术（上）[J].科学养鱼，(10)，18－19.

辛玉文，王有基.2005.人工养殖长吻脆常见疾病与防治 [J].北京水产，3：18－21.

杨学军.2001.长吻鮠及其人工养殖技术 [J].北京水产，(1)，16－17.

张思林，龙祥平.2000.长吻鮠网箱养殖操作规程 [J].淡水渔业，30（12），21－23.

张晓华，万全，吴德友，等.2001.利用产卵池流水培养长吻鮠鱼种试验 [J]，淡水渔业，31（1），8－9.

张耀光.罗泉笙.何学福.1994.长吻鮡的卵巢发育和周年变化及繁殖习性研究 [J].动物学研究，15（2）：42－48.